资助项目:
西藏自治区科技重点研发计划项目（XZ202001ZY0023N）
“十三五”国家重点研发计划项目“西藏智慧农业气象服务系统建设”
西风-季风协同作用及其环境效应（2019QZKK0106）
西藏自治区科技重点研发计划项目（XZ202001ZY0020N）

西藏智慧农业气象服务系统
业务技术手册

主　编　周刊社　边　多
副主编　袁　雷　普布多吉
　　　　张东东　李积宏

气象出版社
China Meteorological Press

图书在版编目（CIP）数据

西藏智慧农业气象服务系统业务技术手册 / 周刊社，边多主编. -- 北京 : 气象出版社，2023.8
ISBN 978-7-5029-8030-6

Ⅰ. ①西… Ⅱ. ①周… ②边… Ⅲ. ①农业气象—气象服务—西藏—手册 Ⅳ. ①S163-62

中国国家版本馆CIP数据核字(2023)第164030号

西藏智慧农业气象服务系统业务技术手册

Xizang Zhihui Nongye Qixiang Fuwu Xitong Yewu Jishu Shouce

出版发行：气象出版社
地　　址：北京市海淀区中关村南大街46号　　邮政编码：100081
电　　话：010-68407112(总编室)　010-68408042(发行部)
网　　址：http://www.qxcbs.com　　E-mail：qxcbs@cma.gov.cn
责任编辑：蔺学东　毛红丹　　终　　审：张　斌
责任校对：张硕杰　　责任技编：赵相宁
封面设计：艺点设计
印　　刷：北京地大彩印有限公司
开　　本：787 mm×1092 mm　1/16　　印　　张：12.75
字　　数：320千字
版　　次：2023年8月第1版　　印　　次：2023年8月第1次印刷
定　　价：70.00元

《西藏智慧农业气象服务系统业务技术手册》
编委会

主　编：周刊社　边多

副主编：袁雷　普布多吉

张东东　李积宏

成　员：格桑卓玛　史继清　措姆

次央　罗珍　拉巴

陈涛　顿玉多吉　扎西欧珠

牛晓俊　旦增顿珠　拉珍

张伟华　路红亚　尼玛吉

次旺　曾林　次丹卓玛

索朗(墨脱县气象局)

卓玛次仁(日喀则市气象局农气组)

徐薇(日喀则市气象局灾防中心)

平措次仁(定结县气象局)

甘臣龙(墨竹工卡县气象局)

编写单位

西藏自治区气候中心

西藏自治区遥感应用研究中心

前言

全球气候变化是国际社会和科学界高度关注的热点问题，而粮食问题是影响人类生存发展的基本问题。随着人口的不断增加，气候变化对全球粮食安全的威胁已成为人类必须面对的重大挑战，粮食安全问题越来越突出。在全球以变暖为主要特征的气候变化背景下，各地年平均气温不断升高，极端天气气候事件趋多趋强。气候变化背景下导致的温度升高、降水量的变化以及高温与低温、降水时空分布不均导致的干旱和渍涝等极端气象灾害的发生频率都将显著升高并严重影响粮食生产。如何充分认识和掌握气候变化规律，科学合理利用当地气候资源，对农业发展和粮食安全十分重要。

针对西藏农田小气候观测站点稀少，不能满足现代农业气象发展需求；农业气象业务系统有待完善；缺乏针对性强的"直通式"气象服务产品；西藏"互联网＋"农业气象服务能力极其薄弱；涉农部门间共享平台有待构建；农业气象大数据平台应用能力有待提升等问题，建设现代气象为农服务体系势在必行。

如何紧密围绕"监测精密、预测精准、服务精细"开展工作，对农业气象发展提出了具有挑战性的任务，如何建立科学合理实用的农业气象服务体系，解决农业生产的"气象问题"摆在当前农业气象工作者队伍面前。要提高农业气象服务能力和水平，建设农业气象服务系统十分重要。"十三五"国家重点研发计划项目"西藏智慧农业气象服务系统建设"建设了"西藏智慧农业气象服务系统"，该系统主要包括：西藏农业气象综合业务支撑、农业气象灾害预警、生态气象监测评估、病虫害风险预警、农田小气候数据处理与查询、积雪监测、西藏农业气象 APP 和西藏农业气象微信公众号等子系统；实现了区、市（地）、县三级气象数据查询、绘图、产品制作，同时实现区、市（地）、县三级网络调用。该系统的推广应用将大幅度提高西藏农业气象业务服务水平，增加服务方式的多样化；能有效地对内对外开展农业气象服务，保障粮食安全，将发挥农业"直通式"气象服务和农业气象防灾减灾救灾的"第一道防线"作用。

基于现代农业气象服务发展需求，西藏自治区气候中心业务人员梳理了西藏智慧农业气象服务系统的操作流程及产品制作方法，整理出《西藏智慧农业气象服务系统业务技术手册》。该书的出版将有利于农业气象服务系统的推广应用，提高基层技术人员应用能力和农业气象服务产品制作水平；系统的开发思路也可为其他相关农业气象服务系统开发提供参考。

编者

2023 年 6 月

目　录

第1章 农业气象业务介绍

西藏自治区气候中心生态与农业气象研究室主要制作和发布全区农业气象情报(包括旬、月、季和年报)、土壤水分监测公报、春耕春播专报、秋收秋种专报、春播预报、农用天气预报、粮食产量预报、农作物病虫害发生气象等级预报预警等农业气象服务产品;制作发布牧草返青期预报、牧草生长期气象条件评价等生态评估服务产品。开展全区农业气候区划、种植业精细化区划及农业气象灾害风险区划,系统指导全区三农专项建设和乡村振兴农业气象服务保障工作。近年来,业务技术人员主持和参与省部级以上项目10余项,参与完成《西藏农业气候资源区划》《西藏气候》《西藏自治区县级青稞种植气候适宜性区划》《气候变化对西藏青稞种植的影响研究》等著作。

1.1 农业气象业务流程

为强化农业气象业务发展,提高农业气象服务质量,规范农业气象业务的职责分工以及制作发布流程,更好地为地方乡村振兴服务,特制定了《西藏自治区农业气象业务流程和规范》。

1.1.1 业务产品分类与发布

1.1.1.1 业务内容

依据西藏自治区天气、气候特征和种植业结构,主要开展农业气象旬报、月报、季报、年报和农用天气预报的制作,以及春播预报、牧草返青期预报、青稞产量预报、粮食产量预报等,作物生长发育关键期开展春耕春播专报、秋收秋种专报等服务(表1.1)。

表1.1 农业气象服务产品目录

序号	产品类型	产品名称
1	农业气象情报	农业气象旬报
2		农业气象月报
3		农业气象季报
4		农业气象年报
5		土壤水分监测公报
6		春耕春播气象服务专报
7		秋收秋种气象服务专报
8	重要气象报告	春播适宜期预报
9		青稞产量趋势、定量预报
10		粮油产量趋势、定量预报
11		植被生态质量监测评估
12		牧草生长季气象条件评价

续表

序号	产品类型	产品名称
13	病虫害	林芝条锈病气象等级预报
14		病害调查
15		虫害调查
16	不定期	农用天气预报
17		农业气象灾害预警
18		农业气象服务增刊
19		其他

1.1.1.2 产品及发布时间(表 1.2)

表 1.2 气候影响评价产品及发布时间

序号	产品名称	主要内容	发布时间
1	农业气象旬报	上一旬农业气候概况(气温、降水距平百分率、日照、极端气温)、作物发育期及气象条件对作物生长发育的利弊、本旬天气预报及生产建议	每旬逢 1 日制作发布
2	农业气象月报	上一月农业气候概况(气温、降水距平百分率、降水量、日照、极端气温)、作物发育期及气象条件对作物生长发育的利弊、本月气候预测及生产建议	每月逢 1 日制作发布
3	农业气象季报	上一季度及上一季各月农业气候概况(气温、降水、日照、极端气温)、作物发育期及气象条件对作物生长发育的利弊、本季节气候预测及生产建议	季节结束后的第一个月 10 日前制作发布
4	农业气象年报	本年度及本年度各季农业气候概况(气温、降水、日照、极端气温)、作物发育期及气象条件对作物生长发育的利弊、对粮食生产的影响及农业气象灾害总结	年结束后的第一个月 10 日前制作发布
5	土壤水分监测公报	农业气象观测试验站作物发育期及观测点不同深度土壤相对湿度及遥感面上土壤湿度空间分布,对土壤湿度进行评价	每旬逢 1 日制作发布
6	春耕春播气象服务专报	作物发育进程和春耕春播进度、未来 7 d 天气对春耕春播影响分析及农业天气预报图、措施建议等,如遇低温阴雨、干旱等重大农业气象灾害,增加灾害落区预报图。春耕春播进度信息来源于农业农村部门的须注明	3 月中旬至 5 月下旬每周二 11:30 前完成
7	秋收秋种气象服务专报	作物收割进程及冬作物播种进度、收割期气象条件及对收割打场的利弊;冬作物播种进度及天气条件对秋播及出苗等的影响	8 月底至 9 月初每周二 11:30 前完成
8	春播适宜期预报	播种前的冬季气温、降水、日照情况,进入春季后的气候条件评述,进入适宜播种期需要的气温、土壤湿度;汛期的气候条件,本年度主要农区春作物适宜播种期及可播期;提出生产建议	3 月上旬开始制作,3 月中下旬发布
9	青稞产量趋势、定量预报	青稞单产和总产预报结论,预报依据,有利气象条件和不利气象条件、社会经济等因素分析,未来天气趋势与生产建议	分别为 6 月 15 日和 7 月 15 日
10	粮食产量趋势、定量预报	包括冬小麦春小麦、青稞、粮食总产和单产预报结论,预报依据、有利气象条件和不利气象条件、社会经济等因素分析、未来天气趋势与生产建议	分别为 7 月 25 日和 8 月 25 日

续表

序号	产品名称	主要内容	发布时间
11	草原区牧草返青期预报	冬季草原区气候概况,入春以来主要草原区的气候概况,未来气候预测,预测依据,主要草原区返青期预测,生产建议	4月上旬
12	牧草生长季气象条件评价	草原区(4—10月)气象条件分析,生产建议	11月上旬
13	植被生态质量监测评估	牧草返青分析,植被生长季气象条件(3—5月,6—10月)、植被净初级生产力(NPP)和生态质量、牧草黄枯期预报和评估	12月上旬
14	林芝条锈病气象等级预报	条锈病发生趋势等级预报,预报依据(越冬期间气象条件及其对麦类条锈病发生的影响、入春以来气象条件及其对麦类条锈病发生的影响、品种抗病性),未来气候趋势、防控对策与建议	6月上旬
15	病虫害调查	大田调查	3—8月
16	农用天气预报	本周天气预报,上周天气对作物生长的影响,农业生产建议	不定期,主要为6—7月
17	农业灾害预警	气象灾害对农业生产影响以及农业生产建议	不定期
18	农业气象服务增刊	农业气象灾害对设施农业的影响情况调查、特色农业调研的报告等	作物生长发育关键期制作

1.1.1.3 产品统一命名(表1.3和表1.4)

表1.3 西藏公共气象服务产品(1)

文件描述	文件名称	传输时间	产品制作频次
农业气象灾害评估与预警	Z_MSP3_XZ—CC_MDDRGRA_ME_L88_XZ_YYYYMMDD0000_00000—00000.DOC	不定期	不定时
粮油产量预报	Z_MSP3_XZ—CC_AGRYTEFC_SUM_L88_XZ_YYYYMMDD0000_M0000—M0000.DOC	成熟季度发布	7、8月
病虫害气象等级预报	Z_MSP2_XZ—CC_MDINSPMF_DW_L88_XZ_YYYYMMDD0000_00000—00000.DOC	5、6月	5月1期
土壤水分监测公报	Z_MSP3_XZ—CC_SMMFC_TR1_L88_XZ_YYYYMMDD0000_T0001—T0000.DOC	每旬逢1日	每月3期
秋收秋种气象服务	Z_MSP3_XZ—CC_AGRKFST_AHCY_L88_XZ_YYYYMMDD0000_00000—00000.DOC	9—11月	9月、10月22日。每周1期
农用天气预报	Z_MSP2_XZ—CC_AGRFC_AGR_L88_XZ_YYYYMMDD0000_00000—00000.DOC	不定期	不定时
春播期预报	Z_MSP2_XZ—CC_AGRSEDF_FOODC_L88_XZ_YYYYMMDD0000_W0001—00000.DOC	3月下旬至5月	每周1期
优质青稞收割期专题服务	Z_MSP3_XZ—CC_AGRHVTF_FOODC_L88_XZ_YYYYMMDD0000_00000—00000.DOC	7月底至8月中旬	收割期服务1期
农业气象情报(季报、年报)	Z_MSP3_XZ—CC_AGRINF_MSG_L88_XZ_YYYYMMDD0000_S0001—00000.DOC	季度、次年1月底前发布	4期季报、1月底前年报

续表

文件描述	文件名称	传输时间	产品制作频次
农业气象专题 （春耕春播专报）	Z_MSP3_XZ－CC_AGRKFST_AGR_L88_XZ_YYYYMMDD0000_00000－00000. DOC	11:30 前	春播期间每周 2 期
农业气象月报	Z_MSP3_XZ－CC_AGRINF_MSG_L88_XZ_YYYYMMDD0000_M0001－M0000. DOC	每月逢 1 日	每月 1 期
农业气象旬报	Z_MSP3_XZ－CC_AGRINF_MSG_L88_XZ_YYYYMMDD0000_T0001－T0000. DOC	每旬逢 1 日	每月 3 期
生态气象监测评估	Z_MSP3_XZ－CC_ECOMA_ME_L88_XZ_YYYYMMDD0000_S0001－S0000. DOC	季度发布	春季、夏季各 1 期

表 1.4　西藏公共气象服务产品(2)

序号	分类	产品	命名	文件名称
1	农气情报产品类	农业气象旬报	AMDB	Z_SEVP_C_BELS_y1y1y1y1 m1 m1ddhhm0 m0ss_P_AGRM－AMDB. DOC
2		农业气象月报	AMIN	Z_SEVP_C_BELS_y1y1y1y1 m1 m1ddhhm0 m0ss_P_AGRM－AMIN. DOC
3		土壤水分监测公报	AMSM	Z_SEVP_C_BELS_y1y1y1y1 m1 m1ddhhm0 m0ss_P_AGRM－AMSM. DOC
4		农业干旱监测预报	AMDF	Z_SEVP_C_BELS_y1y1y1y1 m1 m1ddhhm0 m0ss_P_AGRM－AMDF. DOC
5		农业气象灾害（病虫害）监测评估、预测预报预警	AMDP	Z_SEVP_C_BELS_y1y1y1y1 m1 m1ddhhm0 m0ss_P_AGRM－AMDP. DOC
6		关键农事季节和作物关键发育期气象服务	AMTP	Z_SEVP_C_BELS_y1y1y1y1 m1 m1ddhhm0 m0ss_P_AGRM－AMTP. DOC
7		现代农业（设施农业、特色农业）气象服务	AMMA	Z_SEVP_C_BELS_y1y1y1y1 m1 m1ddhhm0 m0ss_P_AGRM－AMMA. DOC
8		其他的农业气象服务产品	AMSV	Z_SEVP_C_BELS_y1y1y1y1 m1 m1ddhhm0 m0ss_P_AGRM－AMSV. DOC
9	作物产量趋势预报类	冬小麦	EXM3	Z_SEVP_C_BELS_y1y1y1y1 m1 m1ddhhm0 m0ss_P_AGRM－EXM3－1. DOC
10		春小麦	EXM2	Z_SEVP_C_BELS_y1y1y1y1 m1 m1ddhhm0 m0ss_P_AGRM－EXM2－1. DOC
11		粮食总产	ELS1	Z_SEVP_C_BELS_y1y1y1y1 m1 m1ddhhm0 m0ss_P_AGRM－ELS1－1. DOC
12		主要夏收粮油作物	ESUM	Z_SEVP_C_BELS_y1y1y1y1 m1 m1ddhhm0 m0ss_P_AGRM－ESUM－1. DOC
13		主要秋收作物产量及全年粮食总产	EWIN	Z_SEVP_C_BELS_y1y1y1y1 m1 m1ddhhm0 m0ss_P_AGRM－EWIN－1. DOC

1.1.2 产品制作流程

1.1.2.1 资料来源

(1)气温、降水、日照数据通过西藏农业气象一体化平台(http://10.216.10.13:8080/web/pc_tibet/index.html?loginout=true)获取数据查询和制图。

(2)旬、月气候预测从气象政务管理信息系统(http://10.1.65.64/)下综合管理的预测预报获取。

1.1.2.2 产品制作

分析旬、月、季、年的气温、降水、日照的空间分布基本特征;计算气温、降水、日照基本要素与30 a气候平均值的距平或距平百分率,并做出偏高(低)、偏多(少)或者正常的判断(表1.5～表1.8);结合分析本旬、月、季、年的气候状况对作物生长发育的影响;根据气候预测或天气预报提出科学合理的农业生产建议。

表1.5 旬气象情报标准

要素	描述	业务标准	
气温	偏高	$\Delta T \geq 0.5$ ℃	气温偏高
	正常	-0.5 ℃ $< \Delta T < 0.5$ ℃	气温正常
	偏低	$\Delta T \leq -0.5$ ℃	气温偏低
降水	偏多	$\Delta R \geq 30\%$	降水偏多
	正常	$-30\% < \Delta R < 30\%$	降水正常
	偏少	$\Delta R \leq -30\%$	降水偏少
日照	偏多	$\Delta S \geq 5.0$ h	日照偏多
	正常	-5.0 h $< \Delta S < 5.0$ h	日照正常
	偏少	$\Delta S \leq -5.0$ h	日照偏少

注:ΔT为气温距平(℃),ΔR为降水距平百分率(%),ΔS为日照时数距平(h),下同。

表1.6 月气象情报标准

要素	描述	业务标准	
气温	偏高	$\Delta T \geq 0.5$ ℃	气温偏高
	正常	-0.5 ℃ $< \Delta T < 0.5$ ℃	气温正常
	偏低	$\Delta T \leq -0.5$ ℃	气温偏低
降水	偏多	$\Delta R \geq 20\%$	降水偏多
	正常	$-20\% < \Delta R < 20\%$	降水正常
	偏少	$\Delta R \leq -20\%$	降水偏少
日照	偏多	$\Delta S \geq 10.0$ h	日照偏多
	正常	-10.0 h $< \Delta S < 10.0$ h	日照正常
	偏少	$\Delta S \leq -10.0$ h	日照偏少

表 1.7 季气象情报标准

要素	描述	业务标准	
气温	偏高	$\Delta T \geqslant 0.5$ ℃	气温偏高
	正常	-0.5 ℃ $< \Delta T < 0.5$ ℃	气温正常
	偏低	$\Delta T \leqslant -0.5$ ℃	气温偏低
降水	偏多	$\Delta R \geqslant 20\%$	降水偏多
	正常	$-20\% < \Delta R < 20\%$	降水正常
	偏少	$\Delta R \leqslant -20\%$	降水偏少
日照	偏多	$\Delta S \geqslant 20.0$ h	日照偏多
	正常	-20.0 h $< \Delta S < 20.0$ h	日照正常
	偏少	$\Delta S \leqslant -20.0$ h	日照偏少

表 1.8 年气象情报标准

要素	描述	业务标准	
气温	偏高	$\Delta T \geqslant 0.5$ ℃	气温偏高
	正常	-0.5 ℃ $< \Delta T < 0.5$ ℃	气温正常
	偏低	$\Delta T \leqslant -0.5$ ℃	气温偏低
降水	偏多	$\Delta R \geqslant 20\%$	降水偏多
	正常	$-20\% < \Delta R < 20\%$	降水正常
	偏少	$\Delta R \leqslant -20\%$	降水偏少
日照	偏多	$\Delta S \geqslant 30.0$ h	日照偏多
	正常	-30.0 h $< \Delta S < 30.0$ h	日照正常
	偏少	$\Delta S \leqslant -30.0$ h	日照偏少

(1)产品签发

按照产品要求的制作和发布时间，由主班撰稿、副班协助、首席审核、领导签发。

(2)产品发送

农业气象服务产品经过审核和签发后，根据规定渠道发送至指定服务单位。

(3)产品示例(略)

1.2 土壤水分监测

1.2.1 土壤湿度

土壤水分监测公报是通过烘干法或其他自动观测仪器获得土壤的体积含水量，结合土壤田间持水量换算成土壤相对湿度，表征不同土壤类型下作物在不同发育期的水分供应是否充足的报告。土壤湿度是土壤的干湿程度，即土壤的实际含水量，可用土壤含水量占烘干土重的百分数表示：土壤含水量＝水分重/烘干土重×100%。

1.2.2 土壤相对湿度

土壤相对湿度是指土壤含水量占田间持水量的百分比，或相对于饱和水量的百分比等相对含水量表示，土壤水分主要受到降水、灌溉、气温、植被类型及地形条件等因素的影响。

根据土壤相对湿度(R)的干旱等级指标，可以分为 $R>60\%$ 为无旱，$50\%<R\leqslant60\%$ 为轻度干旱，$40\%<R\leqslant50\%$ 为中度干旱，$30\%<R\leqslant40\%$ 为重度干旱，$R\leqslant30\%$ 为特别重旱。

土壤相对湿度是表征农业旱情的一项重要指标，可以综合反映土壤水分状况和地表水文过程的大部分信息。根据土壤的相对湿度可以知道土壤含水的程度、还能保持多少水量，在灌溉量上有参考价值。

土壤相对湿度受大气、土质、植被等条件的影响。在野外判断土壤相对湿度通常用手来鉴别，一般分为四级：①湿，用手挤压时水能从土壤中流出；②潮，放在手上留下湿的痕迹可搓成土球或条，但无水流出；③润，放在手上有凉润感觉，用手压稍留下印痕；④干，放在手上无凉快感觉，黏土成为硬块。

依据土壤相对湿度(R)划分的干旱等级见表 1.9。土壤墒情对比分析分级标准见表 1.10。

表 1.9 土壤相对湿度旱涝等级划分表

等级	类型	土壤相对湿度(实时)/%
1	渍涝	$100\leqslant R$
2	湿度过大	$95<R<100$
3	土壤过湿	$90<R\leqslant95$
4	良好	$80<R\leqslant90$
5	适宜	$60<R\leqslant80$
6	无旱	$60<R$
7	轻度干旱	$50<R\leqslant60$
8	中度干旱	$40<R\leqslant50$
9	重度干旱	$30<R\leqslant40$
10	特别重旱	$R\leqslant30$

表 1.10 土壤墒情对比分析分级标准

墒情级别	分级标准	墒情级别	分级标准
土壤持续缺墒	$W_1<60\%$，$W_2<60\%$	土壤缺墒	$W_1\geqslant60\%$，$W_2<60\%$
土壤缺墒解除	$W_1<60\%$，$60\%\leqslant W_2<90\%$	土壤墒情适宜	$60\%\leqslant W_1<90\%$，$60\%\leqslant W_2<90\%$
土壤过湿解除	$W_1\geqslant90\%$，$60\%\leqslant W_2<90\%$	土壤过湿	$W_1<90\%$，$W_2\geqslant90\%$
土壤持续过湿	$W_1\geqslant90\%$，$W_2\geqslant90\%$		

注：W_1 为前次测量土壤相对湿度，W_2 为本次测量土壤相对湿度。

1.2.3 业务产品内容与发布

(1)业务内容

利用4个农业气象观测站的10 cm、20 cm、50 cm土壤相对湿度和作物生长发育期进行分析,分析土壤湿度对作物生长发育的利弊;同时对全区现有土壤自动站数据进行图形显示,表述不同区域的土壤湿度情况。同时利用根据当旬Terra/MODIS 500 m最大值合成卫星遥感资料监测分析土壤湿度遥感监测空间分布,分析不同区域土壤(2 cm深度)土壤体积含水量,描述不同地、市表层土壤含水量的高低。

(2)产品与发布时间

产品名称为“西藏土壤水分监测公报”,每旬逢1日制作发布。

(3)产品发送渠道

①气象政务管理信息系统(pdf版)(地址为http://10.1.65.64/),产品名称示例:西藏土壤水分监测公报(2020年第1期).pdf。

②服务中心(word版),CuteFTP地址:10.216.38.211。

(4)土壤水分监测产品示例(略)。

第2章 农业气象服务平台介绍

2.1 平台简介

农业气象服务平台集气象观测数据查询、气候灾害分析数据查询、气象预报数据、农气观测数据、部门行业数据、常规服务产品制作、专业服务产品制作及知识管理为一体，打造农业气象综合服务系统平台，与天擎大数据云平台对接，建设全自治区农业气象数据处理平台，为农业气象服务提供基础支撑。

2.2 平台基本操作说明

在浏览器中输入支撑平台地址，点击“回车”键，即可进入支撑平台页面，页面集成农业气象业务支撑系统、气象灾害生态影响评估系统、西藏惠农气象 APP 等业务管理系统于一体，用户通过点击不同的业务系统，并根据分配的用户权限进入相应的管理系统中。

2.2.1 用户登录

点击右上角 登录 ，弹出用户登录框，输入用户名及正确的用户密码，点击“登录”，用户即可成功登录，页面右上角显示当前登录用户的姓名。用户账号可向系统管理员申请。

2.2.2 菜单操作

用户登录成功后，点击各业务管理系统，进入对应的管理系统，如用户进入农业气象业务支撑系统。

平台设置左侧为固定菜单栏，用户可通过点击菜单进入相应的功能页面，其中将菜单分为三级：一级为模块菜单、二级为功能菜单、三级为子功能菜单。

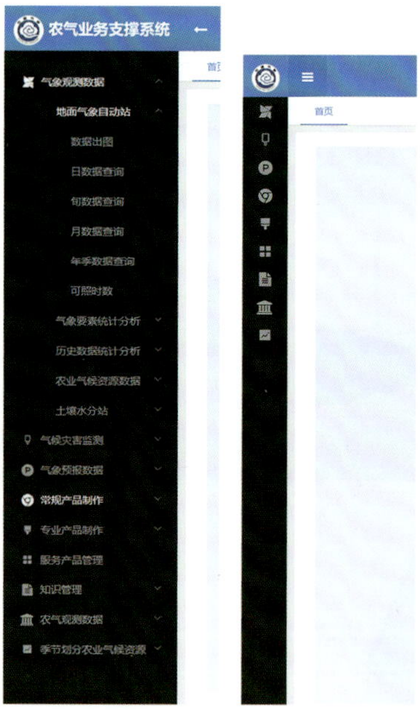

点击最上方白色箭头←，可收起菜单；收起后点击最上方白色三线≡，则可展开菜单。

2.2.3 功能区操作

平台中间区域为功能操作展示区域，用户点击菜单，在此区域即可展示用户操作界面，用户在此区域进行查询、增加、修改等操作；标签页，显示当前页面的名称。

2.2.4 用户修改密码

平台右上角显示当前用户登录信息，用户可进行密码修改或者退出当前页面；点击当前用户信息，弹出：

点击“修改密码”，弹出修改密码的输入框：

输入正确的原账号密码、新密码及确认密码（新密码和确认密码须保持一致），点击“确定”，密码修改成功，用户会自动退出当前系统，需要用新密码重新登录；点击“取消”或者弹框中的右上角“×”，可取消修改密码的操作。

2.2.5 退出系统

点击“退出”，可退出当前系统，且页面跳转至平台支撑页面。

2.2.6　导航栏及按钮设置

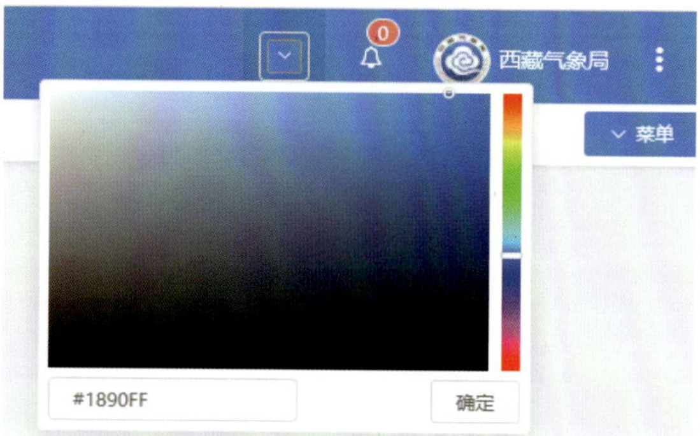

点击右上角按钮，弹出颜色选择器，选择需要设置的颜色，点击“确定”，即可成功设置导航颜色及按钮颜色。

2.2.7　风格主题设置

点击右上角按钮，右侧加载出可供选择的导航模式、主题风格、主题色及其他设置内容，选择模式、主题风格、主题色后即可生效。

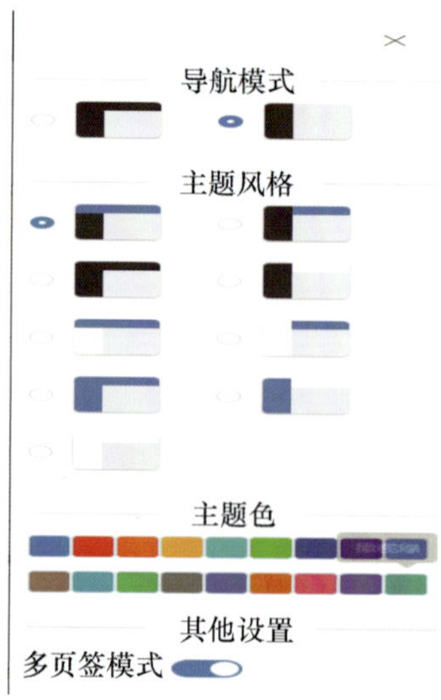

2.2.8 关闭标签

点击页面右上角“菜单”，加载内容如下：

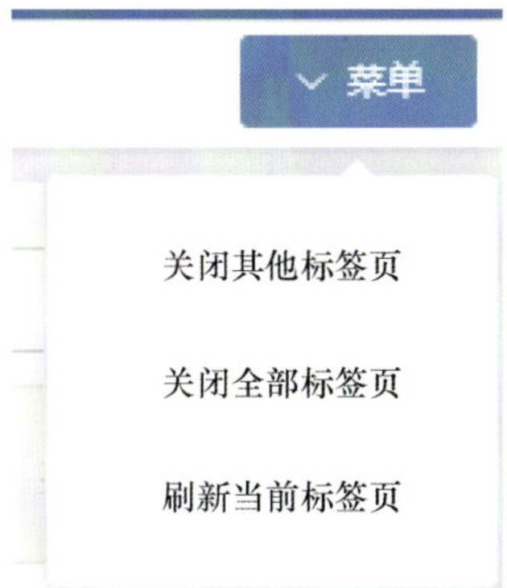

点击“关闭其他标签页”可关闭除当前标签页的其他标签；点击“关闭全部标签页”，可关闭所有的标签页；点击“刷新当前标签页”，即可刷新当前所在标签页的页面内容。

2.3 个人中心

个人中心，主要是对当前登录用户进行基本信息的维护及日志记录。

操作菜单：个人中心—个人信息。

点击“个人信息”，进入基本信息展示页面。

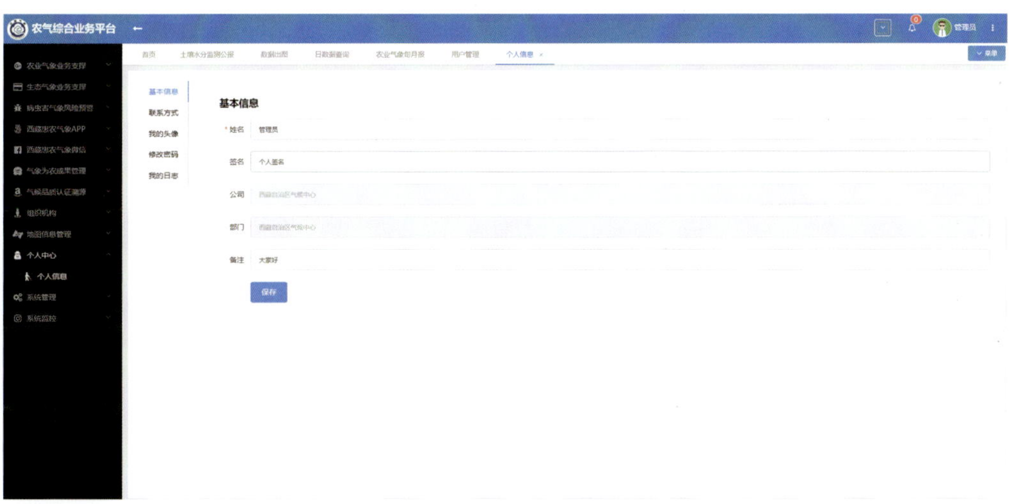

➢ 基本信息

在基本信息页面中，可对个人的姓名、签名、公司、部门及备注信息进行修改，点击 保存 ，可成功修改个人信息。

➢ 联系方式

点击“联系方式”，用户可对邮箱、手机、电话进行修改，点击 保存 ，可成功修改联系方式。

➢ 头像更新

点击“我的头像”，用户可上传头像，对当前头像进行修改。

➢ 密码修改

点击“修改密码”，录入旧密码、新密码和确认密码，点击 保存 ，可成功修改登录密码。

➢ 日志查看

点击“我的日志”，可查看当前用户的登录日志，切换标签访问日志，展示当前用户的访问记录。

第3章 农业气象服务平台功能

3.1 气象观测数据

气象观测数据主要提供地面气象自动站日/旬/月数据、气象要素统计分析、历史数据、农业气候资源数据、土壤水分站的数据查询。

3.1.1 地面气象自动站

地面气象自动站，主要是对地面气象自动站观测的气象资料进行查询，其中包含气象观测数据查询、日数据查询、旬数据查询、月数据查询和可照时数的查询，其数据均来自天擎大数据云平台气象数据库。

3.1.1.1 气象观测数据查询

气象观测数据查询：可查询平均气温、最高气温、最低气温、日照时数、相对湿度、降水量等气象要素的平均值、距平值，可通过列表、图表及分布图进行展示

操作菜单：气象观测数据—地面气象自动站—气象观测数据查询。

点击菜单即可进入气象观测数据查询列表页面，可在页面中对数据进行查询、设置分布图等。

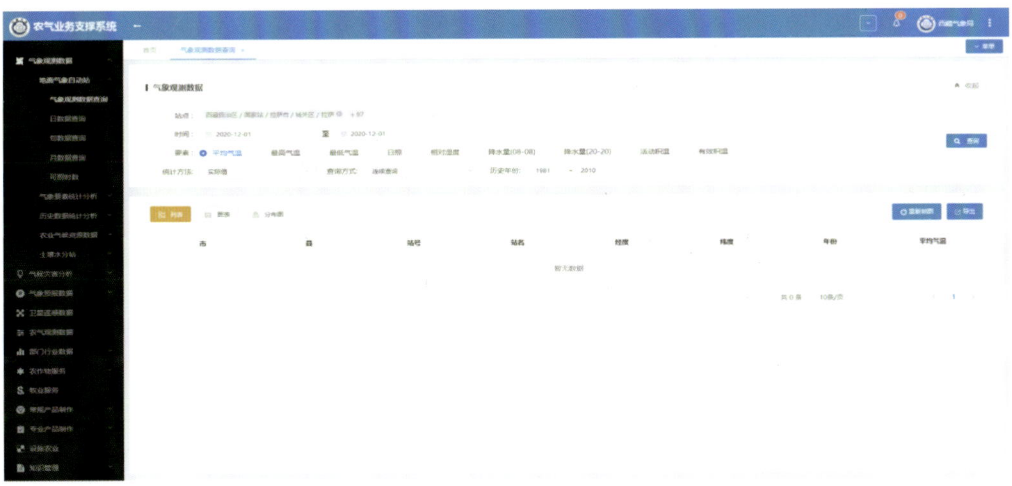

➢ 数据查询

查询条件说明：

(1)站点：默认展示当前登录账号的归属区域的国家级气象站(国家站)站点信息，其下拉列表展示国家站、区域站信息。

（2）时间：默认展示当天的日期范围，可自定义选择时间，点击时间弹出控件。

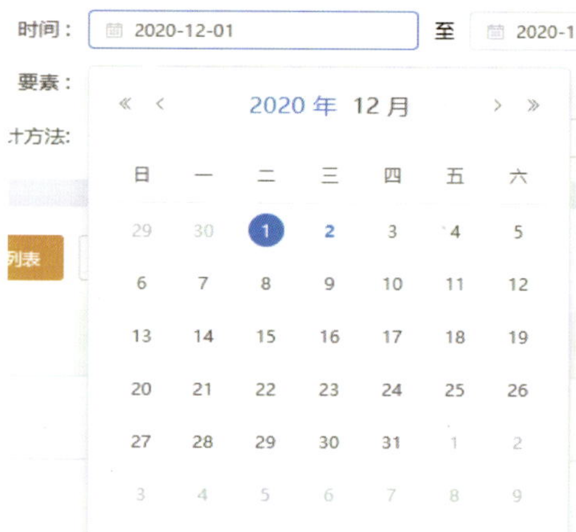

点击控件中的年、月，可弹出月份的选择框，在月份的选择框中点击年，可弹出年的选择框；也可在控件中点击向左向右的双箭头《 》切换年，点击控件向左向右的单箭头〈 〉可切换月份。

（3）要素：展示可查询的气象要素，如平均气温、最高气温、最低气温、日照时数、相对湿度、降水量（08 时—翌日 08 时）、降水量（20 时—翌日 20 时）、活动积温、有效积温。

（4）统计方式：返回所查询气象要素的实际值、距平值、距平百分率、多年同期平均值。

（5）查询方式：分为连续查询和逐年查询两种；连续查询根据查询时间按天返回查询结果，逐年查询根据所选择时间返回按年返回查询结果。

（6）历史年份：在计算距平、距平百分率、多年同期平均值中可进行设置，默认设置 1981—2010 年共 30 a 的气象数据；在查询条件中设置查询条件后，点击 查询 ，即可根据查询条件设置的内容返回气象观测数据内容。

在列表中点击 导出 ，可将查询结果以 txt 或者 xls 文件格式导出。

➢ 数据图表展示

在数据查询结果列表页面中，点击列表左上角的 图表 ，可将查询的结果以图表的形式展示。

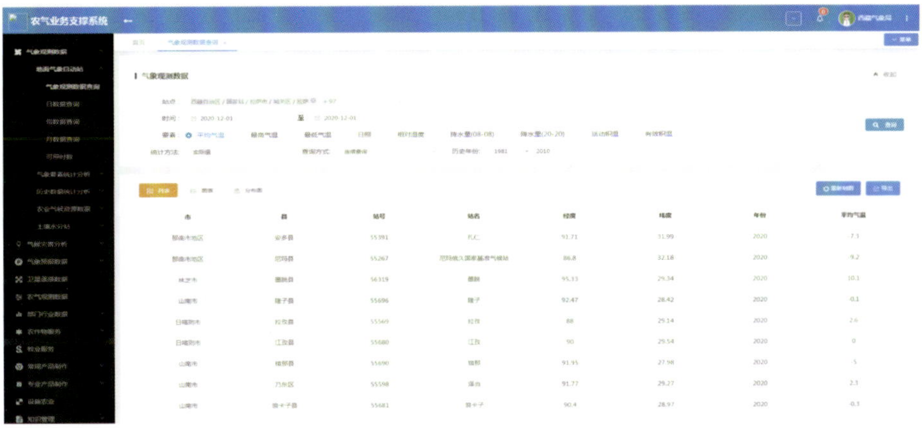

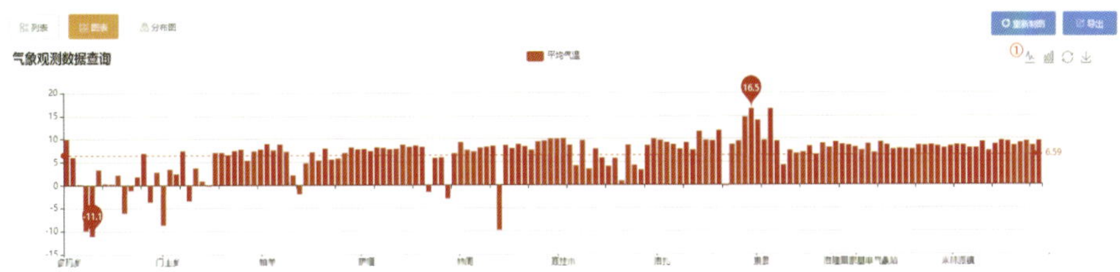

图表说明：

（1）图中横坐标展示各站点名称，纵坐标展示各站点对应的气象要素的值。

（2）点击①处折线图标，图表按折线图方式展示；点击柱形图标，图表按照柱形图方式展示；点击刷新图标，则默认柱线图展示；点击下载图标或者导出，则可下载所展示图表。

（3）点击对应的图例，如平均气温，图例颜色置灰，则图表中不展示该图例对应的数据信息；再次点击图例，颜色恢复，则图表中展示该图例对应的数据信息。

（4）图中虚线为平均值。

➢ 数据分布图展示

在数据查询结果列表页面，点击 分布图 ，可弹出分布图设置的弹框。

分布图设置说明如下：

（1）标题：可自动输入，按照"所出图方式＋插值字段"的规则展示分布图标题，也可自定义修改标题内容。

（2）副标题：默认展示查询条件中所选择的时间，若选择一天，则展示选择的日期，若选择日期范围，则展示日期范围，如 2020 年 1 月 1 日 至 2020 年 2 月 2 日，副标题内容不可修改。

（3）出图方式：区域和作物两种（单选），若选择区域，则下拉选择框中的下拉列表加载区域信息，若选择作物，则下拉列表展示作物内容，选择相应的内容后，主标题则展示所选择内容。

（4）插值方法：IDW（反距离加权插值法）和克里金插值法，选择对应的插值方法，则按照对应的插值方式生成分布图。其中 IDW 插值通过对邻近区域的每个采样点值平均运算获得内插单元，克里金插值依据协方差函数对随机过程/随机场进行空间建模和预测插值。

（5）插值字段：下拉列表加载各列的名称，分布图中根据所选择列的值进行展示。

（6）配色方案：自定义和地标两种方式，选择自定义时，分布图的拟画值及色标可进行修改，选择地标则根据预置的色阶色标进行出图。

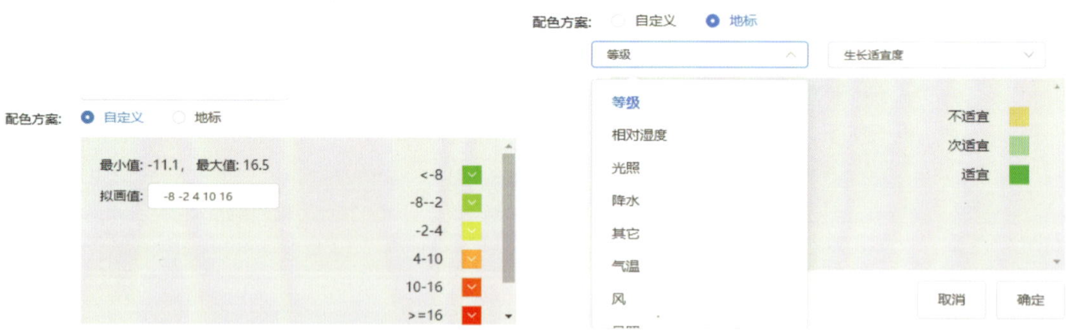

在分布图设置弹框中，参数设置后，点击按钮 确定 ，即可生成分布图，点击按钮 取消 ，可取消分布图操作。点击列表左上角的按钮 分布图 或者按钮 重新制图 ，可重新弹出分布图设置弹框，重新设置分布图出图参数。点击右上角按钮 导出 ，可将生成的分布图导出到本地。

3.1.1.2 日数据查询

日数据查询，可查询各气象要素每天的值。

操作菜单：气象观测数据—地面气象自动站—日数据查询。

点击菜单即可进入日数据查询列表页面。

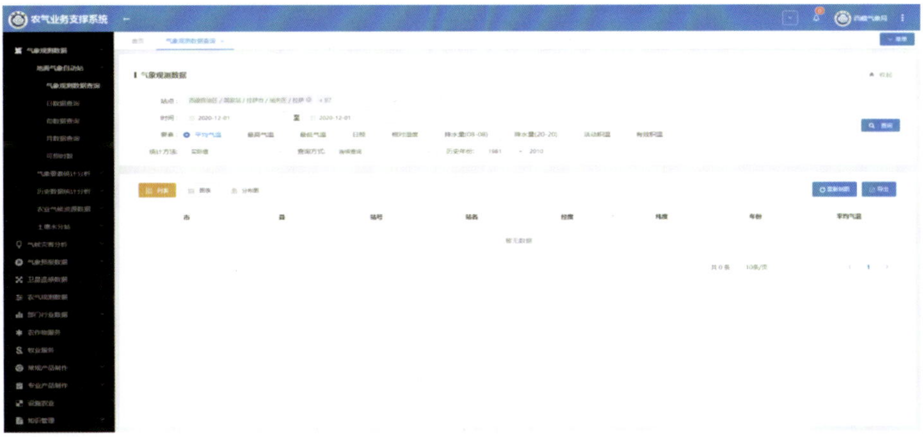

➢ 数据查询

查询条件说明：

（1）站点：默认展示当前登录账号归属区域的国家站站点信息，其下拉列表展示国家站、区域站信息。

（2）时间：默认展示当天的日期范围，可自定义选择时间；点击时间弹出控件。

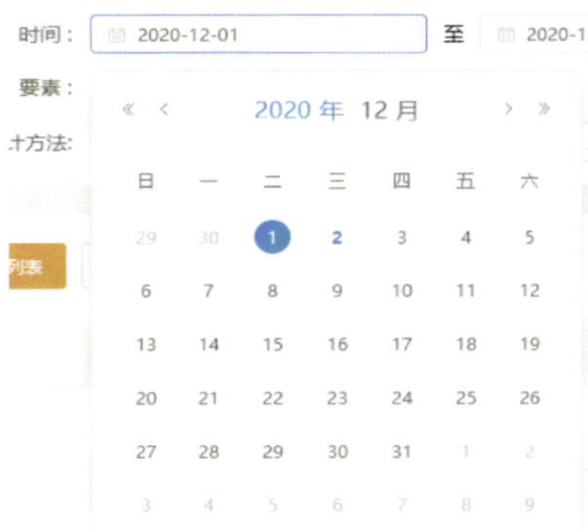

点击控件中的年、月，可弹出月份的选择框，在月份的选择框中点击年，可弹出年的选择框；也可在控件中点击向左向右的双箭头《 》切换年，点击控件向左向右的单箭头〈 〉可切换月份。

（3）要素：下拉选择气象要素，可选项有平均气温、最高气温、最低气温、日照、相对湿度、降水量（08 时—翌日 08 时）、降水量（20 时—翌日 20 时）、最大风，可多选，列表根据选择的气象要素返回多个气象要素的值。

在查询条件中设置查询条件后，点击按钮 查询 ，即可根据查询条件设置的内容返回气象观测数据内容。

在列表中点击按钮 导出 ，可将查询结果以 txt 或者 xls 文件格式导出。

3.1.1.3　旬数据查询

旬数据查询，可查询每一旬的气象要素数据，按旬返回查询结果。

操作菜单：气象观测数据—地面气象自动站—旬数据查询。

点击菜单即可进入旬数据查询列表页面。

➢ 数据查询

查询条件说明：

（1）站点：默认展示当前登录账号归属区域的国家站站点信息，其下拉列表展示国家站、区域站信息。

（2）开始年份/结束年份：默认当前年份，下拉可选择年份。

（3）开始月份/结束月份：默认展示当前月份，下拉可选择月份。

(4)旬：默认为空，下拉可选择上旬、中旬、下旬，可多选。

(5)要素：下拉选择气象要素，可选项有平均气温、最高气温、最低气温、日照、相对湿度、降水量(08 时—翌日 08 时)、降水量(20 时—翌日 20 时)、最大风，可多选，列表根据选择的气象要素返回多个气象要素的值。

(6)查询方式：连续查询和逐年查询，选择跨年时，连续查询时将查询结果返回年份范围每月每旬的结果，逐年查询则返回年份范围内所选对应月份各旬的结果。

在查询条件中设置查询条件后，点击按钮 查询 ，即可根据查询条件设置的内容返回气象观测数据内容，如下图

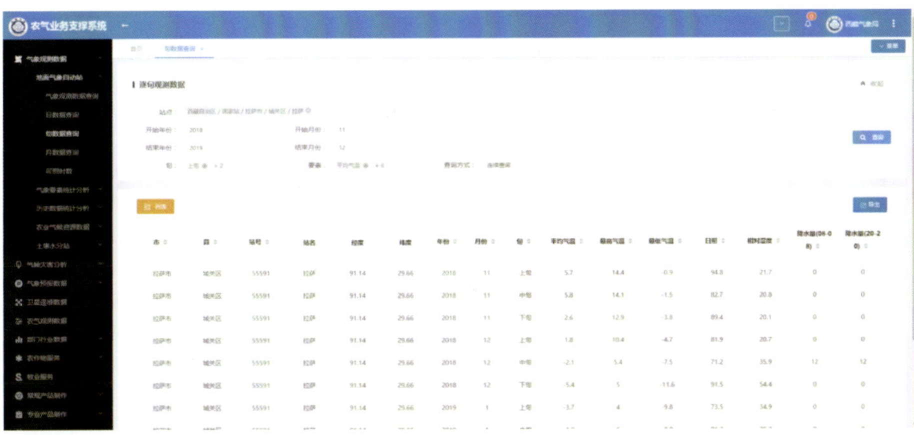

在列表中点击按钮 导出 ，可将查询结果以 txt 或者 xls 文件格式导出。

3.1.1.4 月数据查询

月数据查询，可查询每月的气象要素数据，按月返回查询结果。

操作菜单：气象观测数据—地面气象自动站—月数据查询。

点击菜单即可进入月数据查询列表页面。

➤ 数据查询

查询条件说明：

(1)开始年份/结束年份：默认当前年份，下拉可选择年份。

（2）开始月份/结束月份：默认展示当前月份，下拉可选择月份。

（3）站点：默认展示当前登录账号归属区域的国家站站点信息，其下拉列表展示国家站、区域站信息。

（4）要素：下拉选择气象要素，可选项有平均气温、最高气温、最低气温、日照、相对湿度、(08 时—翌日 08 时)、降水量(20 时—翌日 20 时)、最大风，可多选，列表根据选择的气象要素返回多个气象要素的值。

（5）查询方式：连续查询和逐年查询，选择跨年时，连续查询时将查询结果返回年份范围每月的结果，逐年查询则返回年份范围内所选对应月份的结果。

在查询条件中设置查询条件后，点击按钮 查询，即可根据查询条件设置的内容返回气象观测数据内容。

在列表中点击按钮 导出 ,可将查询结果以 txt 或者 xls 文件格式导出。

3.1.1.5 年季数据查询

年季数据查询,可查询年和季节的数据。

操作菜单:气象观测数据—地面气象自动站—年季数据。

具体操作:选择站点—自定义弹出年份选择框中点击年份—查询年平均数时季框不选择留空格(如查询季数据,则在季框里选择相应季)—选择查询的要素—最后点击右边查询。

点击菜单即可进入年季数据查询列表页面。

3.1.1.6 可照时数

可照时数,可查询每天的可照时数。

操作菜单:气象观测数据—地面气象自动站—可照时数。

点击菜单即可进入可照时数查询列表页面。

➤ 数据查询

查询条件说明:

(1)站点:默认展示当前登录账号归属区域的国家站站点信息,其下拉列表展示国家站、区域站信息。

(2)时间范围:根据所选的时间范围返回指定范围的日照时数;可自定义选择时间;点击时间弹出控件。

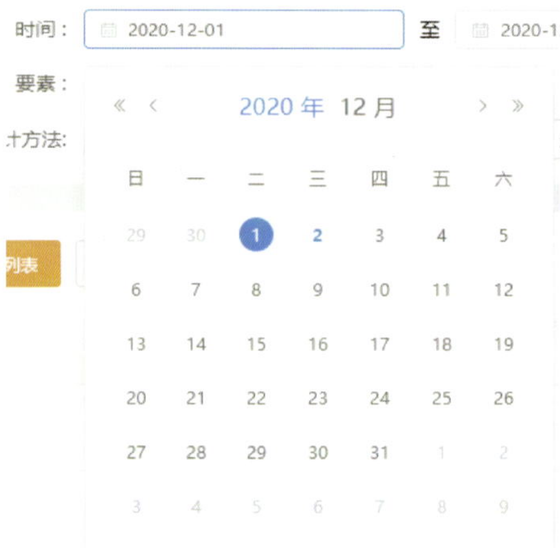

点击控件中的年、月，可弹出月份的选择框，在月份的选择框中点击年，可弹出年的选择框；也可在控件中点击向左向右的双箭头《 》切换年，点击控件向左向右的单箭头〈 〉可切换月份。

在查询条件中设置查询条件后，点击按钮 查询 ，即可根据查询条件设置的内容返回气象观测数据内容。

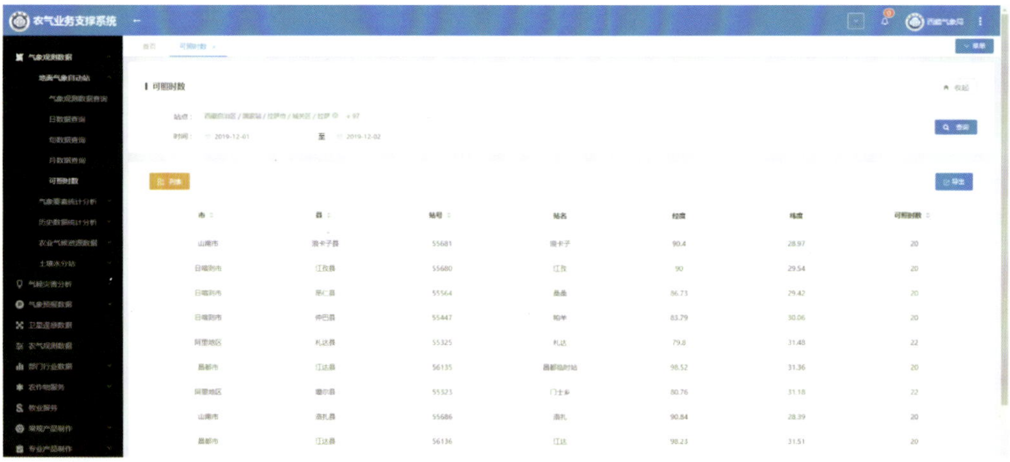

在列表中点击按钮 导出 ，可将查询结果以 txt 或者 xls 文件格式导出。

3.1.2 气象要素统计分析

气象要素统计分析是对气温、降水、空气湿度、风进行统计分析，其中包含的内容有气温日较差、气温日数统计、气温过程统计、降水日数统计、降水过程统计、空气相对湿度、大风及综合要素分析。

3.1.2.1 气温日较差

气温日较差，统计气温常规、逐年、常年平均日较差及多年平均日较差。

操作菜单：气象观测数据—气象要素统计分析—气温—气温日较差。

点击菜单即可进入气温日较差查询列表页面。

➢ 数据查询

查询条件说明：

（1）站点：默认展示当前登录账号归属区域的国家站站点信息，其下拉列表展示国家站、区域站信息。

（2）时间范围：根据所选的时间范围返回指定范围的气温日较差；可自定义选择时间；点击时间弹出控件。

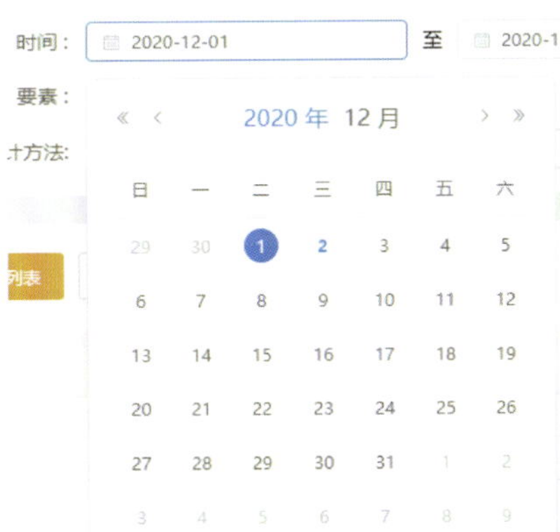

点击控件中的年、月，可弹出月份的选择框，在月份的选择框中点击年，可弹出年的选择

框；也可在控件中点击向左向右的双箭头《 》切换年，点击控件向左向右的单箭头〈 〉切换月份。

（3）统计方法：可选项有常规、逐年日较差、常年平均日较差、多年平均日较差（单选）。统计方法选择常规时，查询结果返回各站点时间范围内每天的日较差；选择逐年日较差时，查询结果返回所选择年份、月份的日较差；选择常年平均日较差，查询结果返回各站点时间范围内的平均日较差；选择多年平均日较差，则根据选择历史年份返回平均日较差。

（4）历史年份：默认 1981—2010 年 30 a 的数据，可修改。

在查询条件中设置查询条件后，点击按钮 查询 ，即可根据查询条件设置的内容返回气象观测数据内容。

在列表中点击按钮 导出 ，可将查询结果以 txt 或者 xls 文件格式导出。

➢ 数据图表展示

在数据查询结果列表页面中，点击列表左上角的按钮 图表 ，可将查询的数据结果以图表的形式展示。

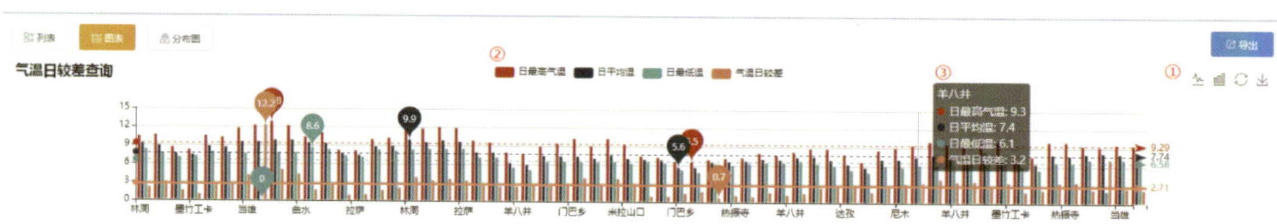

图表说明：

（1）点击①处折线图标，图表按折线图方式展示；点击柱形图标，图表按照柱形图方式展示；点击刷新图标，则默认柱线图展示；点击下载图标或者按钮 导出 ，则可下载所展示图表。

（2）图中②处展示图表图例，点击对应的图例，图例颜色置灰，则图表中不展示该图例对应的数据信息；再次点击图例，颜色恢复，则图表中展示该图例对应的数据信息。

（3）图中③处展示横纵坐标的值，鼠标移动到横坐标对应的区域，则展示具体的值。

（4）图中虚线为平均值，根据虚线的颜色对应不同的气象要素名称。

➢ 数据分布图展示

在数据查询结果列表页面，点击按钮 分布图 ，可弹出分布图设置的弹框。

分布图设置说明如下：

(1)标题：可自动输入，按照“所出图方式＋插值字段”的规则展示分布图标题，也可自定义修改标题内容。

(2)副标题：默认展示查询条件中所选择的时间，若选择一天，则展示选择的日期，若选择日期范围，则展示日期范围，如 2020 年 1 月 1 日 至 2020 年 2 月 2 日，副标题内容不可修改。

(3)出图方式：区域和作物两种(单选)，若选择区域，则下拉选择框中的下拉列表加载区域信息，若选择作物，则下拉列表展示作物内容。选择相应的内容后，主标题则展示所选择内容。

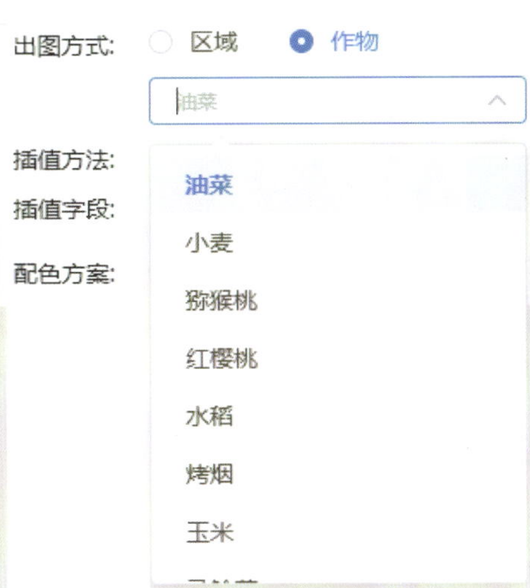

（4）插值方法：IDW 和克里金法，选择对应的插值方法，则按照对应的插值方式生成分布图。其中 IDW 插值通过对邻近区域的每个采样点值平均运算获得内插单元，克里金插值依据协方差函数对随机过程/随机场进行空间建模和预测插值。

（5）插值字段：下拉列表加载各列的名称，分布图中根据所选择列的值进行展示。

（6）配色方案：自定义和地标两种方式，选择自定义时，分布图的拟画值及色标可进行修改；选择地标，则根据预置的色阶色标进行出图。

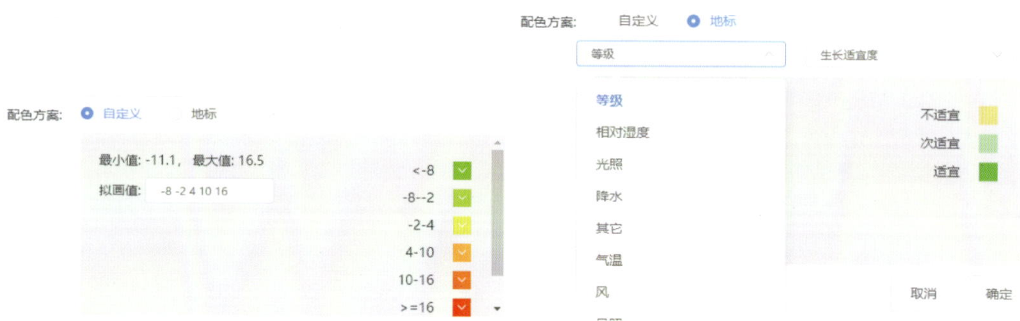

在分布图设置弹框中，参数设置后，点击按钮 确定 ，即可生成分布图，点击按钮 取消 ，可取消分布图操作。点击列表左上角的按钮 分布图 或者按钮 重新制图 ，可重新弹出分布图设置弹框，重新设置分布图出图参数。点击右上角按钮 导出 ，可将生成的分布图导出到本地。

3.1.2.2　气温日数统计

气温日数统计，对出现最高温、最低温及平均温设置条件的天数进行统计。

操作菜单：气象观测数据—气象要素统计分析—气温—气温日数统计。

点击菜单即可进入气温日数统计查询页面。

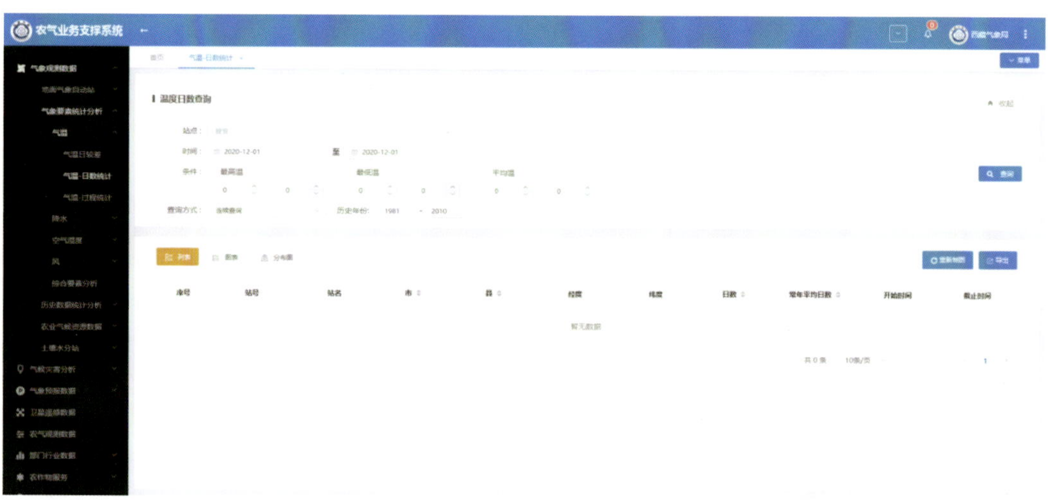

➢ 数据查询

查询条件说明：

（1）站点默认展示当前登录账号归属区域的国家站站点信息，其下拉列表展示国家站、区域站信息。

(2)时间范围：根据所选的时间范围返回数据，可自定义选择时间；点击时间弹出控件。

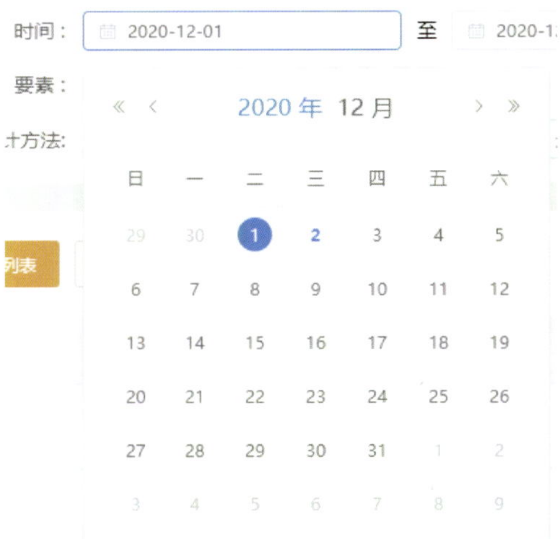

点击控件中的月，可弹出月份的选择框，在月份的选择框中点击年，可弹出年的选择框；也可在控件中点击向左向右的双箭头《 》切换年，点击控件向左向右的单箭头〈 〉切换月份。

(3)条件最高温/最低温/平均温：需先勾选最高温/最低温/平均温一个或多个，再设置对应的温度范围，根据选择温度项及范围统计温度日数。

(4)查询方式：连续查询和逐年查询，选择跨年时，连续查询时将查询结果返回年份范围统计日数，逐年查询则返回年份范围内所选对应月份统计日数。

(5)历史年份：默认展示 1981—2010 年共 30 a，可根据历史年份的设置计算常年平均日数。

在查询条件中设置查询条件后，点击按钮 查询 ，即可根据查询条件设置的内容返回统计的日数。

在列表中点击按钮 导出 ，可将查询结果以 txt 或者 xls 文件格式导出。

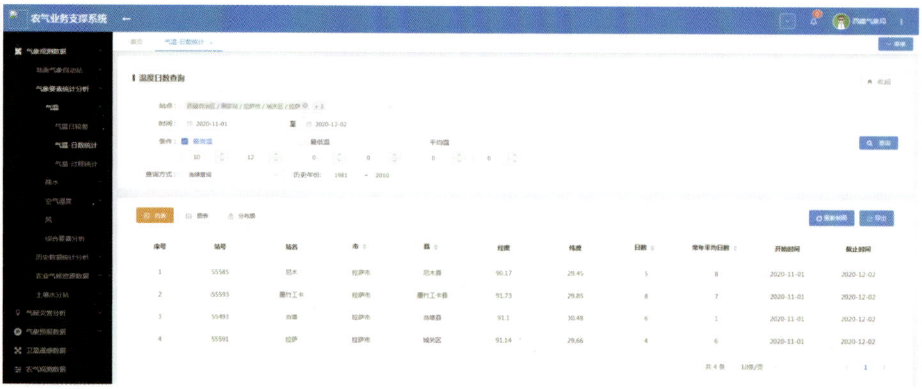

➢ 数据图表展示

在数据查询结果列表页面中，点击列表左上角的按钮 图表 ，可将查询的数据结果以图表的形式展示。

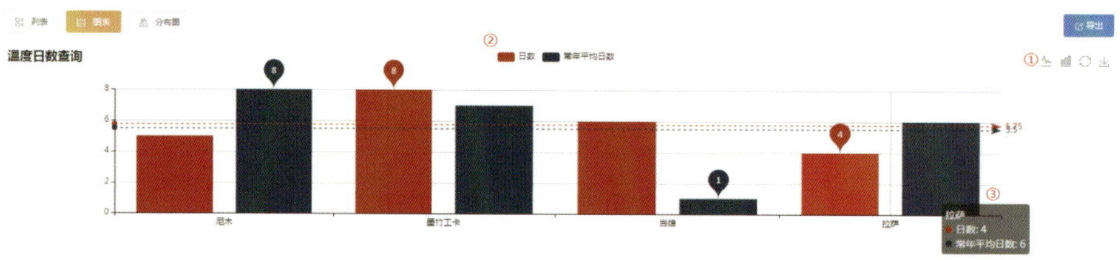

图表说明：

（1）点击①处折线图标，图表按折线图方式展示；点击柱形图标，图表按照柱形图方式展示；点击刷新图标，则默认柱线图展示；点击下载图标或者按钮 导出 ，则可下载所展示图表。

（2）图中②处展示图表的图例，点击对应的图例，图例颜色置灰，则图表中不展示该图例对应的数据信息；再次点击图例，颜色恢复，则图表中展示该图例对应的数据信息。

（3）图中③处展示纵坐标的值，鼠标移动到横坐标对应的区域，则展示具体的值。

（4）图中虚线为平均值，根据虚线的颜色对应不同的图例名称。

➢ 数据分布图展示

在数据查询结果列表页面，点击按钮 分布图 ，可弹出分布图设置的弹框。

分布图设置说明如下：

（1）标题：可自动输入，按照“所出图方式＋插值字段”的规则展示分布图标题，也可自定义修改标题内容。

（2）副标题：默认展示查询条件中所选择的时间，若选择一天，则展示选择的日期，若选择日期范围，则展示日期范围，如 2020 年 1 月 1 日至 2020 年 2 月 2 日，副标题内容不可修改。

（3）出图方式：区域和作物两种（单选），若选择区域，则下拉选择框中的下拉列表加载区域信息，若选择作物，则下拉列表展示作物内容。选择相应的内容后，主标题则展示所选择内容。

(4)插值方法：IDW 和克里金法，选择对应的插值方法，则按照对应的插值方式生成分布图。其中 IDW 插值通过对邻近区域的每个采样点值平均运算获得内插单元，克里金插值依据协方差函数对随机过程/随机场进行空间建模和预测插值。

(5)插值字段：下拉列表加载各列的名称，分布图中根据所选择列的值进行展示。

(6)配色方案：自定义和地标两种方式，选择自定义时，分布图的拟画值及色标可进行修改；选择地标，则根据预置的色阶色标进行出图。

在分布图设置弹框中，参数设置后，点击按钮 确定 ，即可生成分布图，点击按钮 取消 ，可取消分布图设置操作。点击列表左上角的按钮 分布图 或者按钮 重新制图 ，可重新弹出分布图设置弹框，可重新设置分布图出图参数。点击右上角按钮 导出 ，可将生成的分布图导出到

本地。

3.1.2.3 气温过程统计

气温过程统计，对发生最高温、最低温及平均温设置条件的过程进行统计。

操作菜单：气象观测数据—气象要素统计分析—气温—气温过程统计。

点击菜单即可进入气温过程统计查询页面。

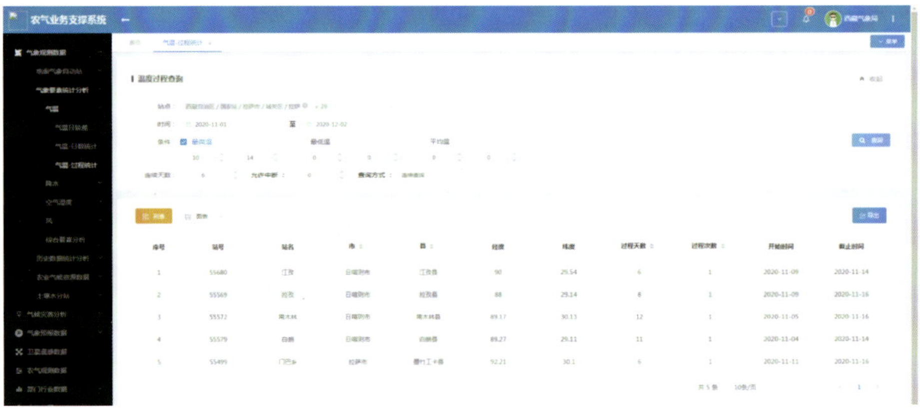

➢ 数据查询

查询条件说明：

（1）站点默认展示当前登录账号归属区域的国家站站点信息，其下拉列表展示国家站、区域站信息。

(2)时间范围:根据所选的时间范围返回数据，可自定义选择时间;点击时间弹出控件。

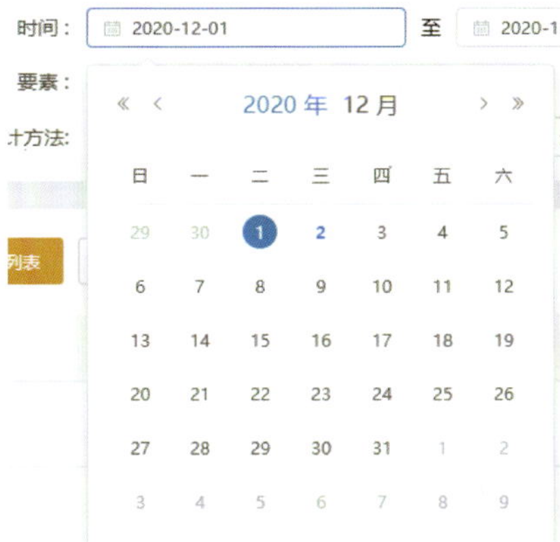

点击控件中的月,可弹出月份的选择框,在月份的选择框中点击年,可弹出年的选择框;也可在控件中点击向左向右的双箭头« »切换年,点击控件向左向右的单箭头‹ ›切换月份。

(3)条件最高温/最低温/平均温:需先勾选最高温/最低温/平均温一个或多个,再设置对应的温度范围,根据选择温度项及范围统计温度过程次数。

(4)连续天数:设置发生满足设置气温条件的连续天数,默认 0。

(5)允许中断:设置发生满足设置气温条件的中断天数,默认 0。

(6)查询方式:连续查询和逐年查询,选择跨年时,连续查询时将查询结果返回年份范围统计日数,逐年查询则返回年份范围内所选对应月份统计日数。

在查询条件中设置查询条件后,点击按钮 查询 ,即可根据查询条件设置的内容返回统计的日数。

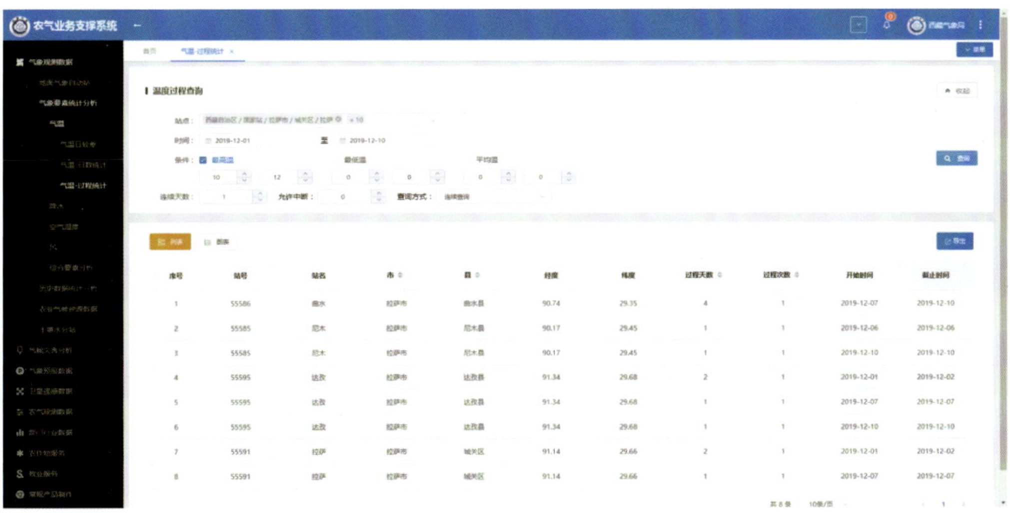

在列表中点击按钮 导出 ,可将查询结果以 txt 或者 xls 文件格式导出。

➢ 数据图表展示

在数据查询结果列表页面中,点击列表左上角的按钮 图表 ,可将查询的数据结果以图表的形式展示。

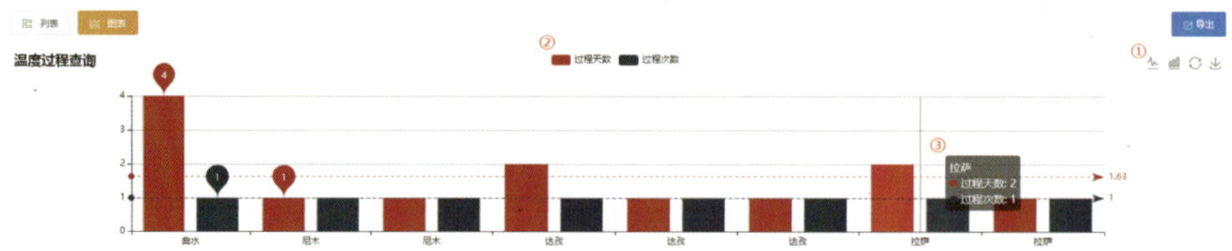

图表说明：

（1）点击图中①处折线图标，图表按折线图方式展示；点击柱形图标，图表按照柱形图方式展示；点击刷新图标，则默认柱线图展示；点击下载图标或者按钮 导出 ，则可下载所展示图表。

（2）图中②处展示图表的图例，点击对应的图例，图例颜色置灰，则图表中不展示该图例对应的数据信息；再次点击图例，颜色恢复，则图表中展示该图例对应的数据信息。

（3）图中③处展示纵坐标的值，鼠标移动到横坐标对应的区域，则展示具体的值。

（4）图中虚线为平均值，根据虚线的颜色对应不同的图例名称。

3.1.2.4 降水日数统计

降水日数统计，在时间范围内容对满足降雨情况的天数进行统计。

操作菜单：气象观测数据—气象要素统计分析—降水—降水日数统计

点击菜单即可进入降水日数统计列表页面。

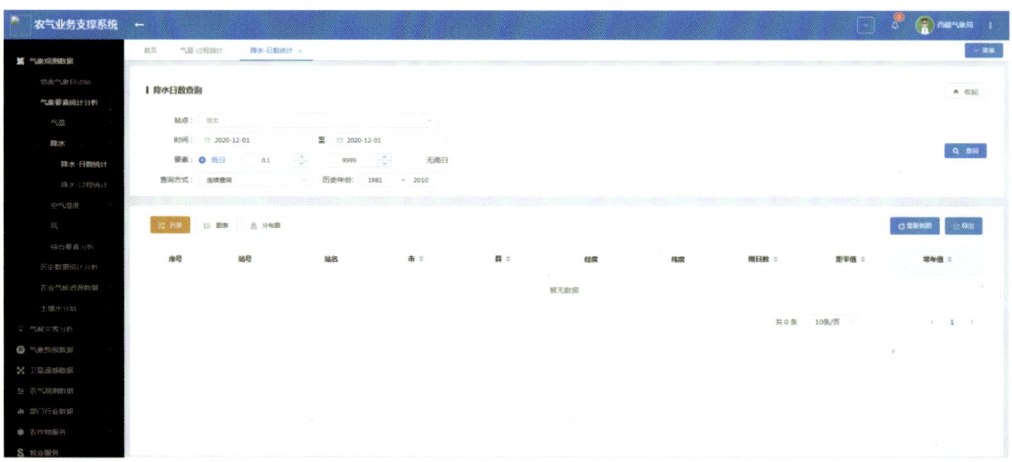

➢ 数据查询

查询条件说明：

（1）站点：站点默认展示当前登录账号的归属区域的国家站站点信息，其下拉列表展示国家站、区域站信息。

（2）时间：根据所选的时间范围返回数据，可自定义选择时间；点击时间弹出控件。

点击控件中的月，可弹出月份的选择框，在月份的选择框中点击年，可弹出年的选择框；也可在控件中点击向左向右的双箭头《 》切换年，点击控件向左向右的单箭头〈 〉可切换月份。

（3）要素：可选择雨日和无雨日 2 种，选择雨日不设置范围时默认降水量＞0.1 mm，也可设置雨日的降水范围，根据降水情况返回降水日数统计结果。

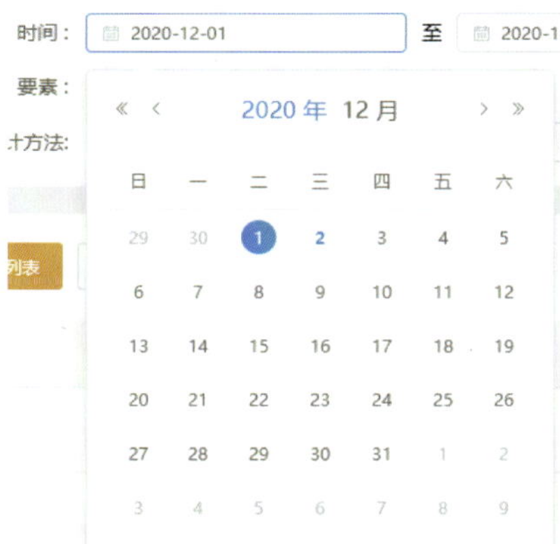

(4)查询方式：连续查询和逐年查询，选择跨年时，连续查询时将查询结果返回年份范围统计日数，逐年查询则返回年份范围内所选对应月份统计日数。

(5)历史年份：默认 1981—2010 年 30 a 的数据，可修改，可根据设置历史年份计算出降水的距平和常年值。

在查询条件中设置查询条件后，点击按钮 查询 ，即可根据查询条件设置的内容返回统计的日数。

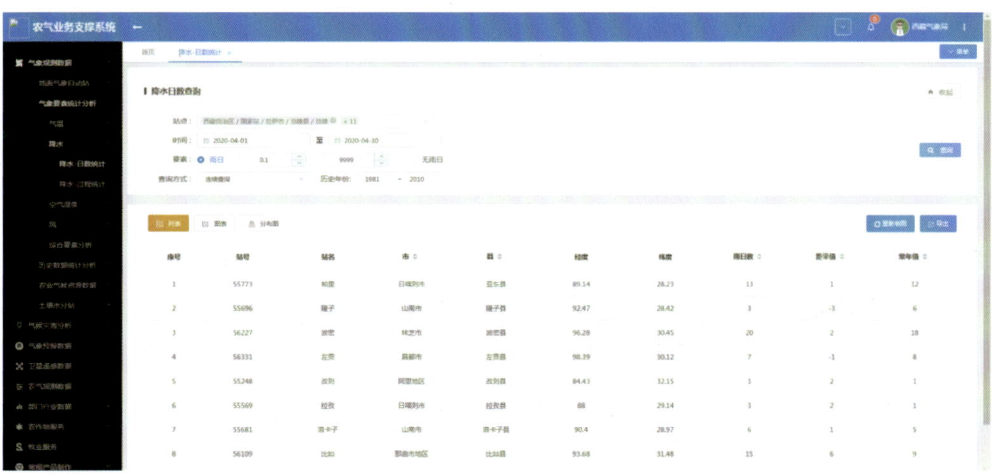

在列表中点击按钮，可将查询结果以 txt 或者 xls 文件格式导出。

➢ 数据图表展示

在数据查询结果列表页面中，点击列表左上角的按钮，可将查询的数据结果以图表的形式展示。

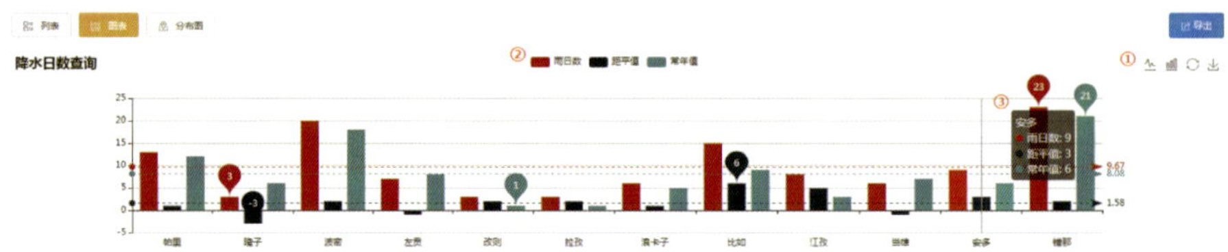

图表说明：

(1)点击图中①处折线图标，图表按折线图方式展示；点击柱形图标，图表按照柱形图方式展示；点击刷新图标，则默认柱线图展示；点击下载图标或者按钮，则可下载所展示图表。

(2)图中②处展示图表的图例，点击对应的图例，图例颜色置灰，则图表中不展示该图例对应的数据信息；再次点击图例，颜色恢复，则图表中展示该图例对应的数据信息。

(3)图中③处展示纵坐标的值，鼠标移动到横坐标对应的区域，则展示具体的值。

(4)图中虚线为平均值，根据虚线的颜色对应不同的图例名称。

➢ 数据分布图展示

在数据查询结果列表页面，点击按钮，可弹出分布图设置的弹框。

分布图设置说明如下：

(1)标题：可自动输入，按照“所出图方式＋插值字段”的规则展示分布图标题，也可自定义修改标题内容。

(2)副标题：默认展示查询条件中所选择的时间，若选择一天，则展示选择的日期，若选择日期范围，则展示日期范围，如 2020 年 1 月 1 日 至 2020 年 2 月 2 日，副标题内容不可修改。

(3)出图方式：区域和作物两种(单选)，若选择区域，则下拉选择框中的下拉列表加载区域信息，若选择作物，则下拉列表展示作物内容。选择相应的内容后，主标题则展示所选择内容。

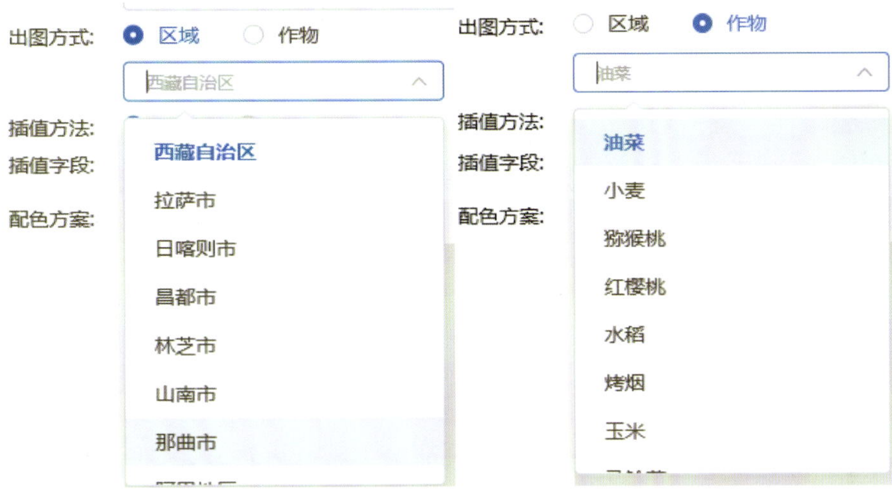

(4)插值方法：IDW 和克里金法，选择对应的插值方法，则按照对应的插值方式生成分布图。其中 IDW 插值通过对邻近区域的每个采样点值平均运算获得内插单元，克里金插值依据协方差函数对随机过程/随机场进行空间建模和预测插值。

(5)插值字段：下拉列表加载各列的名称，分布图中根据所选择列的值进行展示。

(6)配色方案：自定义和地标两种方式，选择自定义时，分布图的拟画值及色标可进行修改；选择地标，则根据预置的色阶色标进行出图。

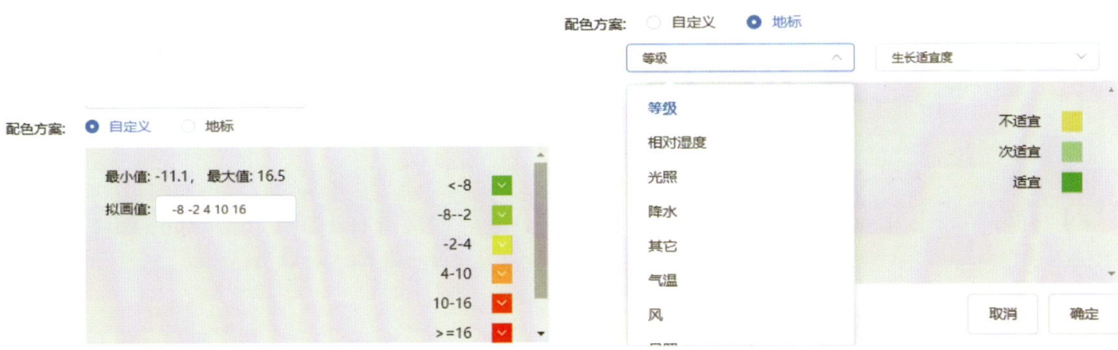

在分布图设置弹框中，参数设置后，点击按钮 确定 ，即可生成分布图，点击按钮 取消 ，可取消分布图操作。点击列表左上角的按钮 分布图 或者按钮 重新制图 ，可重新弹出分布图设置弹框，重新设置分布图出图参数。点击右上角按钮 导出 ，可将生成的分布图导出到本地。

3.1.2.5 降水过程统计

降水过程统计，对发生降水且满足设置的降水条件，统计降水过程次数。

操作菜单：气象观测数据—气象要素统计分析—降水—降水过程统计。

点击菜单即可进入降水过程统计查询页面。

➢ 数据查询

查询条件说明：

（1）站点默认展示当前登录账号归属区域的国家站站点信息，其下拉列表展示国家站信息。

（2）时间范围：根据所选的时间范围返回数据，可自定义选择时间；点击时间弹出控件。

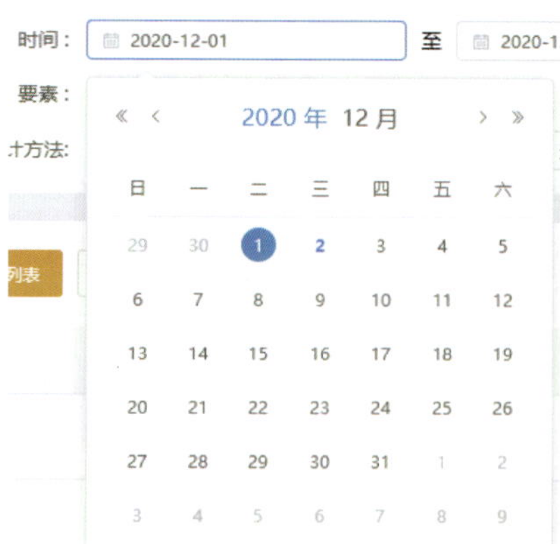

点击控件中的月，可弹出月份的选择框，在月份的选择框中点击年，可弹出年的选择框；也可在控件中点击向左向右的双箭头« »切换年，点击控件向左向右的单箭头‹ ›切换月份。

(3)要素：设置日降水的最小值，根据设置的降水范围统计降水过程天数、过程次数。

(4)连续天数：设置发生满足设置降水的连续天数，默认0。

(5)中断天数：设置发生满足设置降水的中断天数，默认0。

(6)查询方式：连续查询和逐年查询，选择跨年时，连续查询时将查询结果返回年份范围统计日数，逐年查询则返回年份范围内所选对应月份统计日数。

在查询条件中设置查询条件后，点击按钮[查询]，即可根据查询条件设置的内容返回统计的过程天数、过程次数。

在列表中点击按钮[导出]，可将查询结果以txt或者xls文件格式导出。

➢ 数据图表展示

在数据查询结果列表页面中，点击列表左上角的按钮[图表]，可将查询的数据结果中的过程天数、过程次数以图表的形式展示。

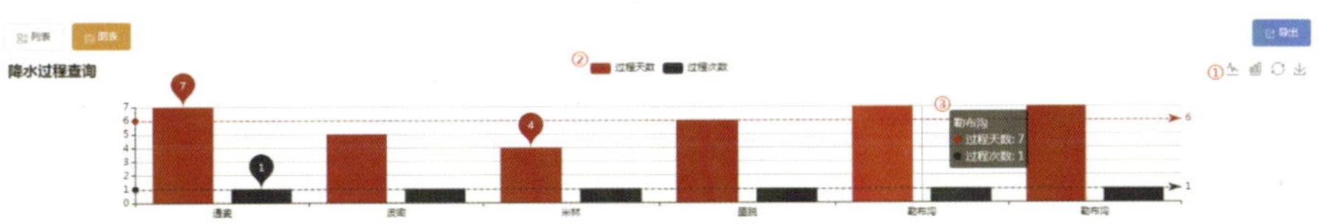

图表说明：

(1)点击图中①处折线图标，图表按折线图方式展示；点击柱形图标，图表按照柱形图方式展示；点击刷新图标，则默认柱线图展示；点击下载图标或者按钮[导出]，则可下载所展示图表。

(2)图中②处展示图表的图例，点击对应的图例，图例颜色置灰，则图表中不展示该图例对应的数据信息；再次点击图例，颜色恢复，则图表中展示该图例对应的数据信息。

(3)图中③处展示纵坐标的值，鼠标移动到横坐标对应的区域，则展示具体的值。

(4)图中虚线为平均值，根据虚线的颜色对应不同的图例名称。

3.1.2.6 空气相对湿度

空气相对湿度满足湿度范围的过程天数和过程次数。

操作菜单：气象观测数据—空气湿度—相对湿度。

点击菜单即可进入相对湿度列表页面。

➢ 数据查询

查询条件说明：

(1)站点：站点默认展示当前登录账号归属区域的国家站站点信息，其下拉列表展示国家站信息。

(2)时间：根据所选的时间范围返回数据，可自定义选择时间；点击时间弹出控件。

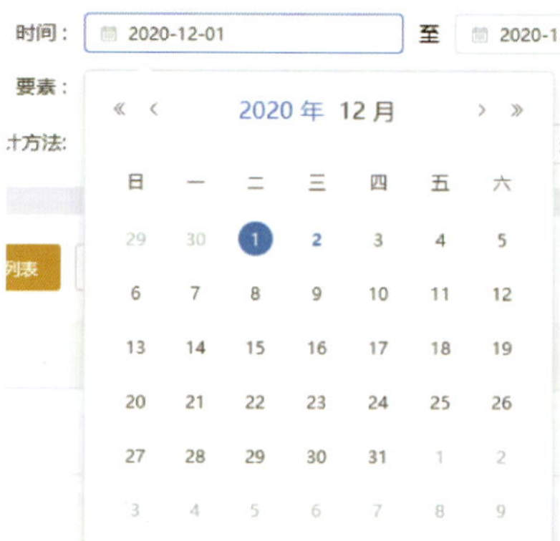

点击控件中的月，可弹出月份的选择框，在月份的选择框中点击年，可弹出年的选择框；也可在控件中点击向左向右的双箭头《 》切换年，点击控件向左向右的单箭头〈 〉切换月份。

（3）要素：设置相对湿度的范围，根据设置的范围返回满足相对湿度范围的过程天数、过程次数。

（4）连续天数：设置发生满足设置相对湿度范围的连续天数，默认0。

（5）中断天数：设置发生满足设置相对湿度范围的中断天数，默认0。

（6）查询方式：连续查询和逐年查询，选择跨年时，连续查询时将查询结果返回年份范围统计日数，逐年查询则返回年份范围内所选对应月份统计日数。

在查询条件中设置查询条件后，点击按钮 查询 ，即可根据查询条件设置的内容返回统计的过程天数、过程次数。

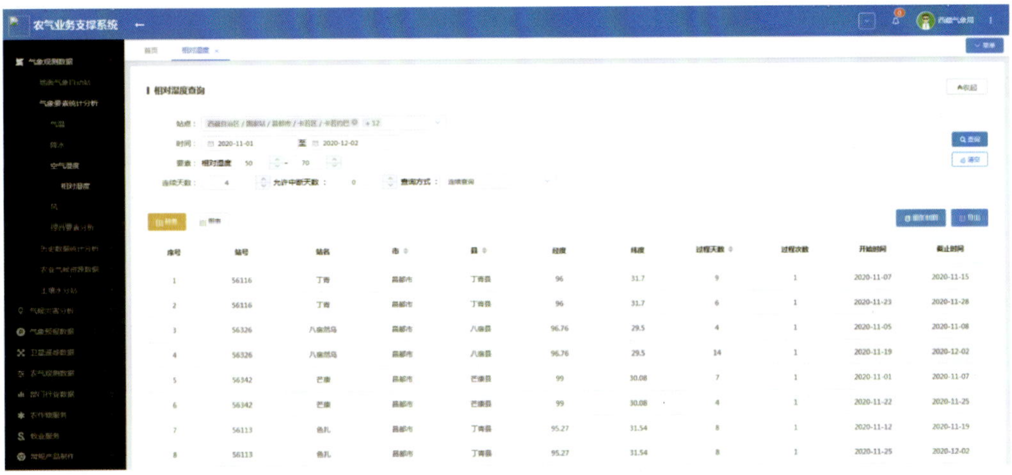

在列表中点击按钮 导出 ，可将查询结果以txt或者xls文件格式导出。

➢ 数据图表展示

在数据查询结果列表页面中，点击列表左上角的按钮 图表 ，可将查询的数据结果中将过程天数、过程次数以图表的形式展示。

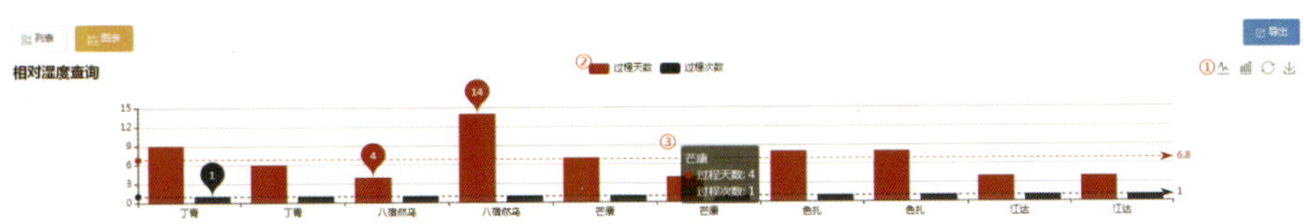

图表说明：

（1）点击图中①处折线图标，图表按折线图方式展示；点击柱形图标，图表按照柱形图方式展示；点击刷新图标，则默认柱线图展示；点击下载图标或者按钮 导出 ，则可下载所展示图表。

（2）图中②处展示图表的图例，点击对应的图例，图例颜色置灰，则图表中不展示该图例对应的数据信息；再次点击图例，颜色恢复，则图表中展示该图例对应的数据信息。

（3）图中③处展示纵坐标的值，鼠标移动到横坐标对应的区域，则展示具体的值。

(4)图中虚线为平均值,根据虚线的颜色对应不同的图例名称。

3.1.2.7 大风

大风,对满足设置风速条件的数据进行天数统计。

操作菜单:气象观测数据—风—大风。

点击菜单即可进入大风列表页面中,列表统计各站点的大风发生天数。

➤ 数据查询

查询条件说明:

(1)站点:站点默认展示当前登录账号归属区域的国家站站点信息,其下拉列表展示国家站、区域站信息。

(2)时间:根据所选的时间范围返回数据,可自定义选择时间;点击时间弹出控件。

点击控件中的月，可弹出月份的选择框，在月份的选择框中点击年，可弹出年的选择框；也可在控件中点击向左向右的双箭头《 》切换年，点击控件向左向右的单箭头〈 〉切换月份。

(3)要素：设置风速的最小值，根据设置的范围返回满足设置条件天数。

(4)查询方式：连续查询和逐年查询，选择跨年时，连续查询时将查询结果返回年份范围统计日数，逐年查询则返回年份范围内所选对应月份统计日数。

在查询条件中设置查询条件后，点击按钮 查询 ，即可根据查询条件设置的内容返回统计的大风日数。

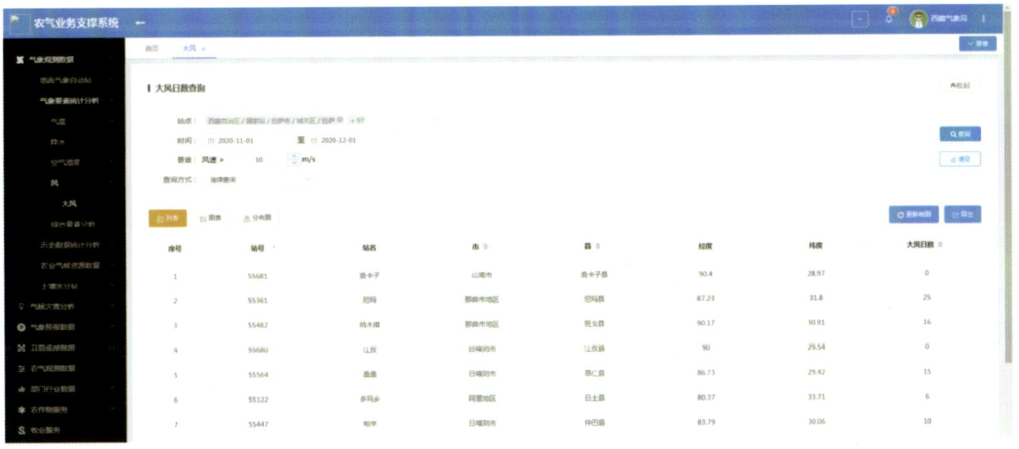

在列表中点击按钮 导出 ，可将查询结果以 txt 或者 xls 文件格式导出。

➢ 数据图表展示

在数据查询结果列表页面中，点击列表左上角的按钮 图表 ，可将查询的数据结果以图表的形式展示。

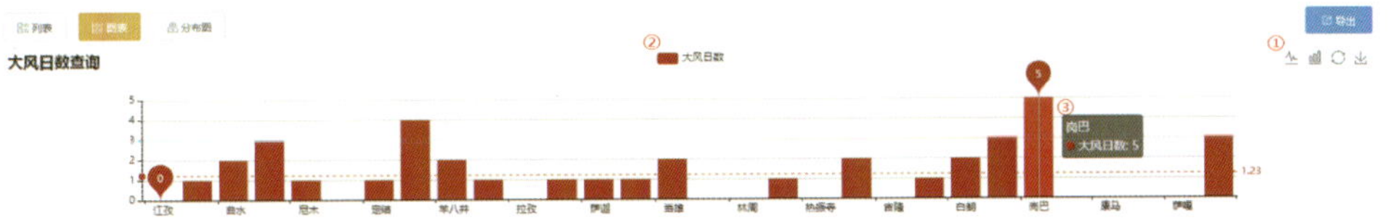

图表说明：

(1)点击图中①处折线图标，图表按折线图方式展示；点击柱形图标，图表按照柱形图方式展示；点击刷新图标，则默认柱线图展示；点击下载图标或者按钮 导出 ，则可下载所展示图表。

(2)图中②处展示图表的图例，点击对应的图例，图例颜色置灰，则图表中不展示该图例对应的数据信息；再次点击图例，颜色恢复，则图表中展示该图例对应的数据信息。

(3)图中③处展示纵坐标的值，鼠标移动到横坐标对应的区域，则展示具体的值。

(4)图中虚线为平均值，根据虚线的颜色对应不同的气象要素的图例名称。

➢ 数据分布图展示

在数据查询结果列表页面，点击按钮 分布图 ，可弹出分布图设置的弹框。

分布图设置说明如下：

（1）标题：可自动输入，按照“所出图方式＋插值字段”的规则展示分布图标题，也可自定义修改标题内容。

（2）副标题：默认展示查询条件中所选择的时间，若选择一天，则展示选择的日期，若选择日期范围，则展示日期范围，如 2020 年 1 月 1 日 至 2020 年 2 月 2 日，副标题内容不可修改。

（3）出图方式：区域和作物两种（单选），若选择区域，则下拉选择框中的下拉列表加载区域信息，若选择作物，则下拉列表展示作物内容。选择相应的内容后，主标题则展示所选择内容。

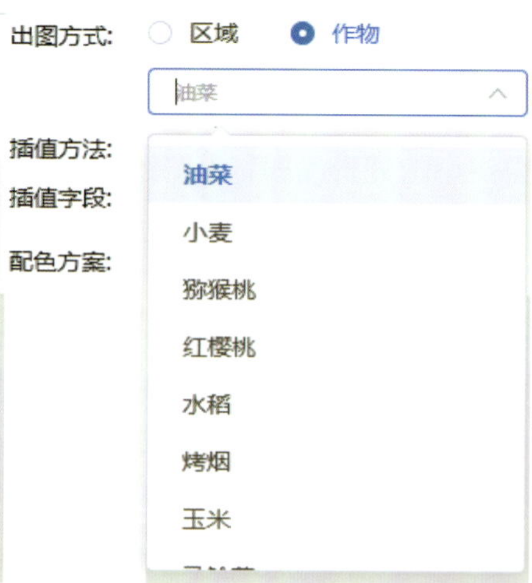

（4）插值方法：IDW和克里金法，选择对应的插值方法，则按照对应的插值方式生成分布图。其中IDW插值通过对邻近区域的每个采样点值平均运算获得内插单元，克里金插值依据协方差函数对随机过程/随机场进行空间建模和预测插值。

（5）插值字段：下拉列表加载各列的名称，分布图中根据所选择列的值进行展示。

（6）配色方案：自定义和地标两种方式，选择自定义时，分布图的拟画值及色标可进行修改；选择地标，则根据预置的色阶色标进行出图。

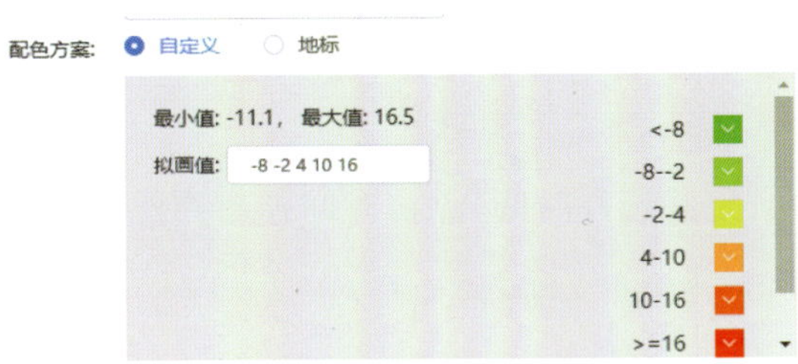

在分布图设置弹框中，参数设置后，点击按钮 确定 ，即可生成分布图，点击按钮 取消 ，可取消分布图操作。点击列表左上角的按钮 分布图 或者按钮 重新制图 ，可重新弹出分布图设置弹框，重新设置分布图出图参数。点击右上角按钮 导出 ，可将生成的分布图导出到本地。

3.1.2.8 综合要素分析

综合要素分析，对满足设置条件的返回站点数据的日数、距平和常年值。

操作菜单：气象观测数据—综合要素分析。

点击菜单即可进入综合要素分析列表页面中，列表统计各站点的综合要素分析统计信息。

➢ 数据查询

查询条件说明：

（1）站点：站点默认展示当前登录账号归属区域的国家站站点信息，其下拉列表展示国家站信息。

（2）时间：根据所选的时间范围返回数据，可自定义选择时间；点击时间弹出控件。

点击控件中的月，可弹出月份的选择框，在月份的选择框中点击年，可弹出年的选择框；也可在控件中点击向左向右的双箭头《 》切换年，点击控件向左向右的单箭头〈 〉切换月份。

（3）要素：设置平均温/最高温/最低温、降雨、风速、空气湿度，根据设置的范围返回满足设置条件天数、距平、常年值。

（4）查询方式：连续查询和逐年查询，选择跨年时，连续查询时将查询结果返回年份范围统计日数，逐年查询则返回年份范围内所选对应月份统计日数。

（5）历史年份：默认 1981—2010 年 30 a 的数据，可修改，可根据设置历史年份计算出降水的距平和常年值。

在查询条件中设置查询条件后，点击按钮 查询，即可根据查询条件设置的内容返回结果。

在列表中点击按钮 导出，可将查询结果以 txt 或者 xls 文件格式导出。

➢ 数据图表展示

在数据查询结果列表页面中，点击列表左上角的按钮 图表，可将查询的数据结果以图表的形式展示。

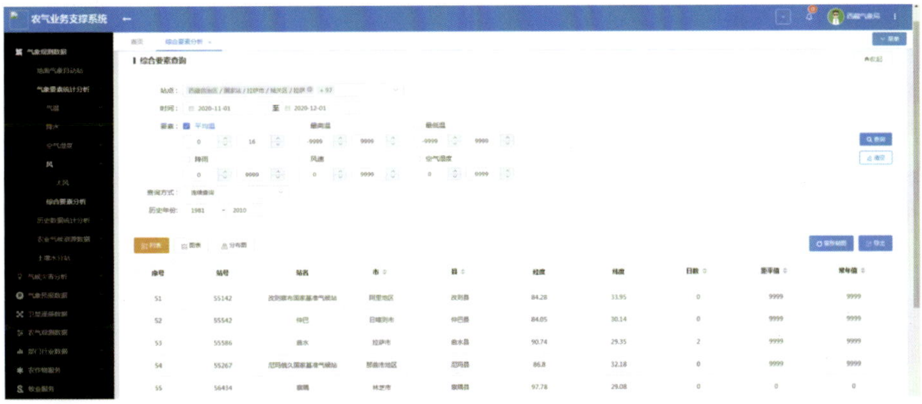

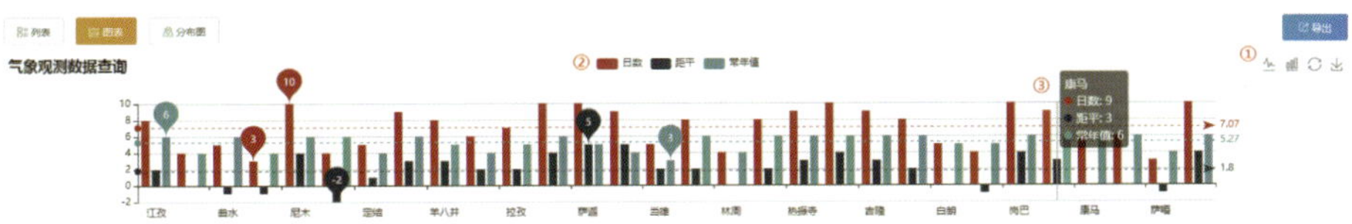

图表说明：

（1）点击图中①处折线图标，图表按折线图方式展示；点击柱形图标，图表按照柱形图方式展示；点击刷新图标，则默认柱线图展示；点击下载图标或者按钮 导出 ，则可下载所展示图表。

（2）图中②处展示图表的图例，点击对应的图例，图例颜色置灰，则图表中不展示该图例对应的数据信息；再次点击图例，颜色恢复，则图表中展示该图例对应的数据信息。

（3）图中③处展示纵坐标的值，鼠标移动到横坐标对应的区域，则展示具体的值。

（4）图中虚线为平均值，根据虚线的颜色对应不同的气象要素的图例名称。

➢ 数据分布图展示

在数据查询结果列表页面，点击按钮 分布图 ，可弹出分布图设置的弹框。

分布图设置说明如下：

（1）标题：可自动输入，按照"所出图方式＋插值字段"的规则展示分布图标题，也可自定义修改标题内容。

（2）副标题：默认展示查询条件中所选择的时间，若选择一天，则展示选择的日期，若选择日期范围，则展示日期范围，如 2020 年 1 月 1 日 至 2020 年 2 月 2 日，副标题内容不可修改。

（3）出图方式：区域和作物两种（单选），若选择区域，则下拉选择框中的下拉列表加载区域信息，若选择作物，则下拉列表展示作物内容。选择相应的内容后，主标题则展示所选择内容。

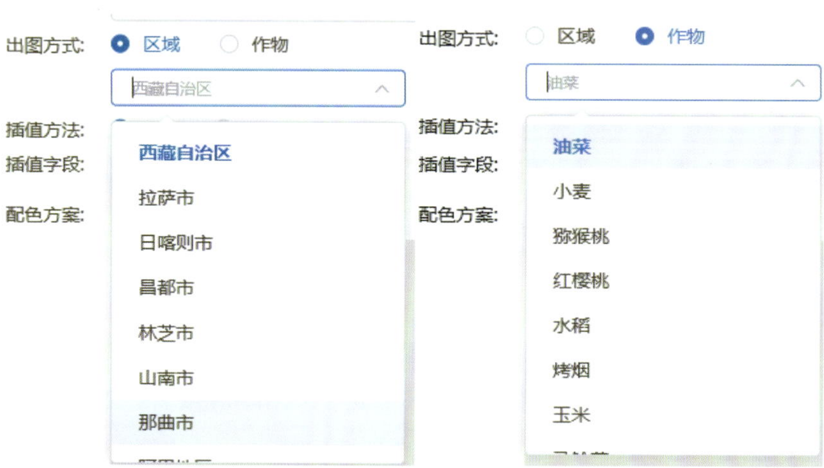

（4）插值方法：IDW 和克里金法，选择对应的插值方法，则按照对应的插值方式生成分布图。其中 IDW 插值通过对邻近区域的每个采样点值平均运算获得内插单元，克里金插值依据协方差函数对随机过程/随机场进行空间建模和预测插值。

（5）插值字段：下拉列表加载各列的名称，分布图中根据所选择列的值进行展示。

（6）配色方案：自定义和地标两种方式，选择自定义时，分布图的拟画值及色标可进行修改；选择地标，则根据预置的色阶色标进行出图。

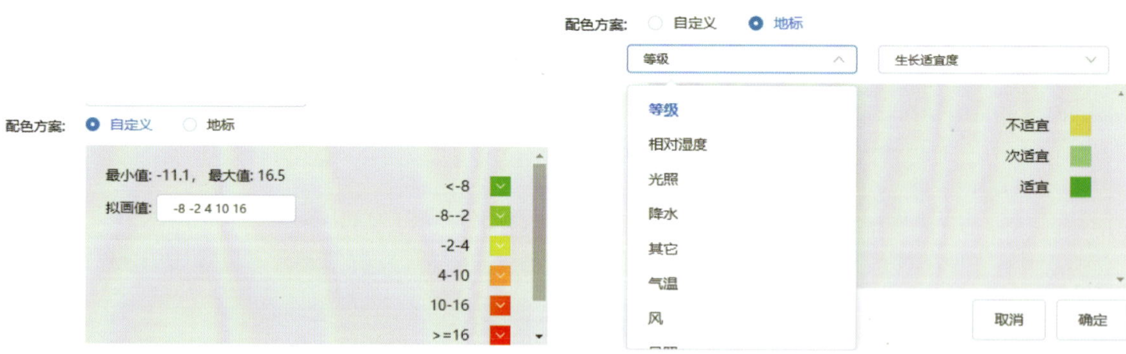

在分布图设置弹框中，参数设置后，点击按钮 确定 ，即可生成分布图，点击按钮 取消 ，可取消分布图操作。点击列表左上角的按钮 分布图 或者按钮 重新制图 ，可重新弹出分布图设置弹框，重新设置分布图出图参数。点击右上角按钮 导出 ，可将生成的分布图导出到本地。

3.1.3 历史数据统计分析

历史数据统计分析包含历年数据对比、历史极值数据的查询。

3.1.3.1 历年数据对比

历年数据对比，查询不同气象要素历年的数据，与历年数据进行对比并返回距平、常年同期平均值、历史排位、历史极大值、历史极小值及出现的年份信息。

操作菜单：气象观测数据—历史数据统计分析—历年数据对比。

点击菜单即可进入历年数据对比列表页面。

➢ 数据查询

查询条件说明：

(1)站点：站点默认展示当前登录账号的归属区域的国家站站点信息，其下拉列表展示国家站、区域站信息。

(2)时间：根据所选的时间范围返回数据，可自定义选择时间；点击时间弹出控件。

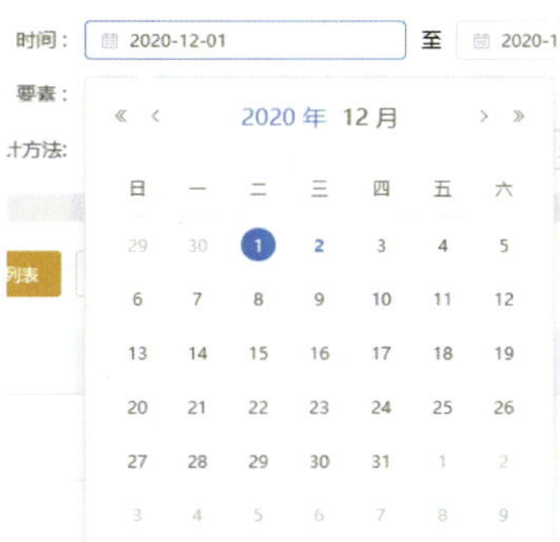

点击控件中的月，可弹出月份的选择框，在月份的选择框中点击年，可弹出年的选择框；也可在控件中点击向左向右的双箭头《 》切换年，点击控件向左向右的单箭头〈 〉切换月份。

(3)要素：选择需要查询极值的要素，下拉选择，选择项有平均气温、平均最低气温、平均最高气温、平均相对湿度、降水量(08 时—翌日 08 时)、降水量(20 时—翌日 20 时)、日照、平均风速。

(4)历史年份：默认展示 1981—2010 年共 30 a 数据，根据设置的历史年份计算距平值、常年同期平均值、历史排位、历史极小值、历史极大值及其出现年份。

在查询条件中设置查询条件后，点击按钮 查询 ，即可根据查询条件设置的内容返回结果。

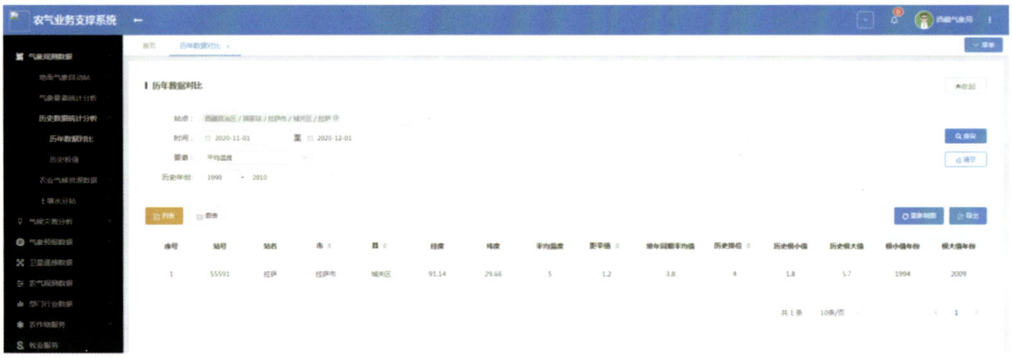

在列表中点击按钮 导出 ，可将查询结果以 txt 或者 xls 文件格式导出。

➢ 数据图表展示

在数据查询结果列表页面中，点击列表左上角的按钮 图表 ，可将查询的数据结果以图表的形式展示。

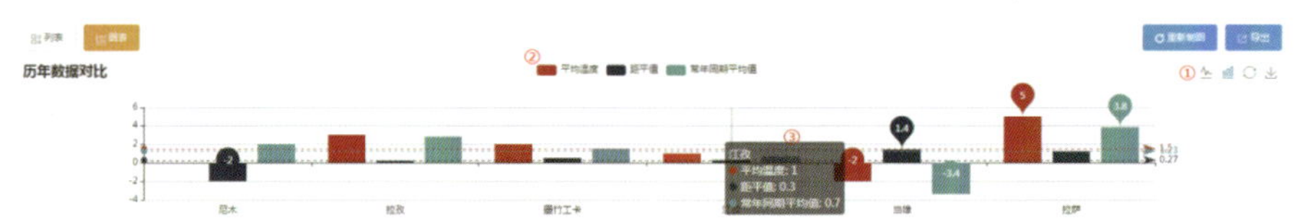

图表说明：

(1)点击图中①处折线图标，图表按折线图方式展示；点击柱形图标，图表按照柱形图方式展示；点击刷新图标，则默认柱线图展示；点击下载图标或者按钮 导出 ，则可下载所展示图表。

(2)图中②处展示图表的图例，点击对应的图例，图例颜色置灰，则图表中不展示该图例对应的数据信息；再次点击图例，颜色恢复，则图表中展示该图例对应的数据信息。

(3)图中③处展示纵坐标的值，鼠标移动到横坐标对应的区域，则展示具体的值。

(4)图中虚线为平均值，根据虚线的颜色对应不同的气象要素名称。

3.1.3.2 历史极值

历史极值，查询各气象要素出现极大值和极小值的具体时间，以及极值的具体值。

操作菜单：气象观测数据—历史数据统计分析—历史极值。

点击菜单即可进入历史极值的列表页面。

➤ 数据查询

查询条件说明：

（1）站点：站点默认展示当前登录账号归属区域的国家站站点信息，其下拉列表展示国家站信息。

（2）时间：根据所选的时间范围返回数据，可自定义选择时间；点击时间弹出控件。

点击控件中的月，可弹出月份的选择框，在月份的选择框中点击年，可弹出年的选择框；也

可在控件中点击向左向右的双箭头《 》切换年，点击控件向左向右的单箭头〈 〉切换月份。

（3）要素：选择需要查询极值的要素，下拉选择，选择项有平均气温、平均最低气温、平均最高气温、平均相对湿度、降水量（08 时—翌日 08 时）、降水量（20 时—翌日 20 时）、日照、平均风速。

（4）历史年份：默认展示 1981—2010 年共 30 a 数据，根据设置的历史年份计算历史极小值、历史极大值及极值出现的时间。

在查询条件中设置查询条件后，点击按钮 查询 ，即可根据查询条件设置的内容返回结果。

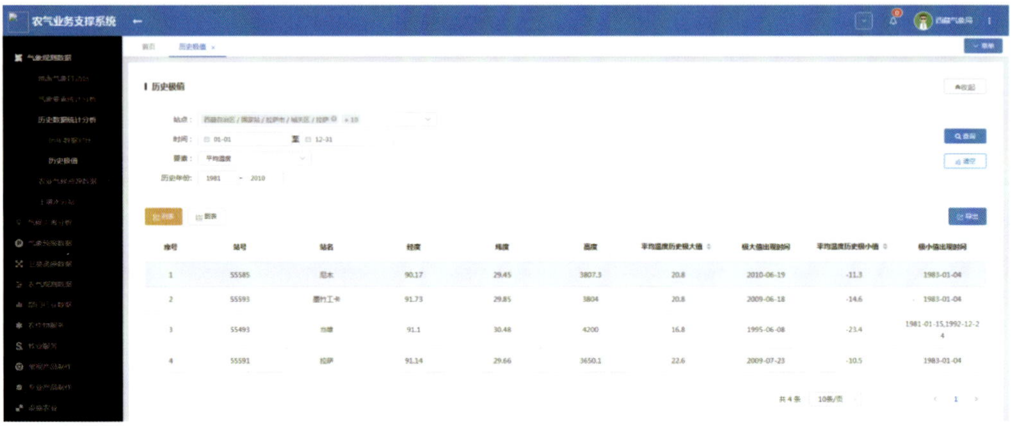

在列表中点击按钮 导出 ，可将查询结果以 txt 或者 xls 文件格式导出。

➢ 数据图表展示

在数据查询结果列表页面中，点击列表左上角的按钮 图表 ，可将查询的数据结果以图表的形式展示。

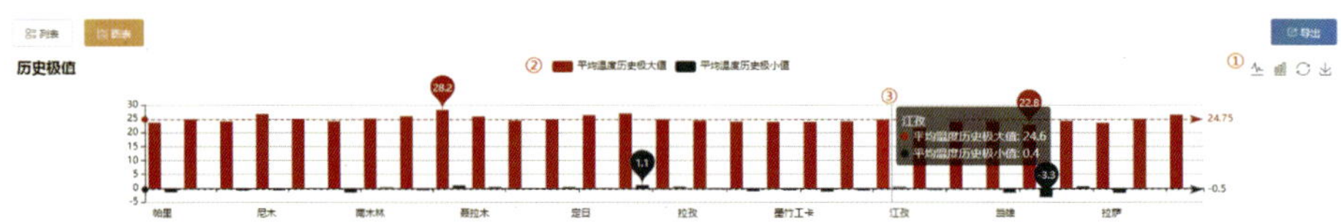

图表说明：

（1）点击①处折线图标，图表按折线图方式展示；点击柱形图标，图表按照柱形图方式展示；点击刷新图标，则默认柱线图展示；点击下载图标或者按钮 导出 ，则可下载所展示图表。

（2）图中②处展示图表的图例，点击对应的图例，图例颜色置灰，则图表中不展示该图例对应的数据信息；再次点击图例，颜色恢复，则图表中展示该图例对应的数据信息。

（3）图中③处展示纵坐标的值，鼠标移动到横坐标对应的区域，则展示具体的值。

（4）图中虚线为平均值，根据虚线的颜色对应不同的气象要素名称。

3.1.4 农业气候资源数据

农业气候资源数据分析，对热量资源、降水资源及日照资源进行统计查询。

操作菜单：气象观测数据—农业气候资源数据—农业气候资源分析。

点击菜单即可进入农业气候资源分析页面。

➢ 数据查询

查询条件说明：

(1)站点：站点默认展示当前登录账号的归属区域的国家站站点信息，其下拉列表展示国家站信息。

(2)界限温度：下拉列表值，可选项有界限温度为 0 ℃、界限温度为 3 ℃、界限温度为 5 ℃、界限温度为 10 ℃，通过选择的界限温度计算资源值。

(3)资源类别：下拉列表，可选项有热量资源、降水资源、日照资源，根据所选择的资源内容返回资源值。

(4)年份：日期控件，展示年份，点击控件上方向左向右的双箭头《 》可切换到上一年下一年，根据选择年份范围返回资源信息。

在查询条件中设置查询条件后，点击按钮 查询 ，即可根据查询条件设置的内容返回结果。

在列表中点击按钮 导出 ，可将查询结果以 txt 或者 xls 文件格式导出。

➢ 数据图表展示

在数据查询结果列表页面中，点击列表左上角的按钮 图表 ，可将查询的数据结果以图表的形式展示。

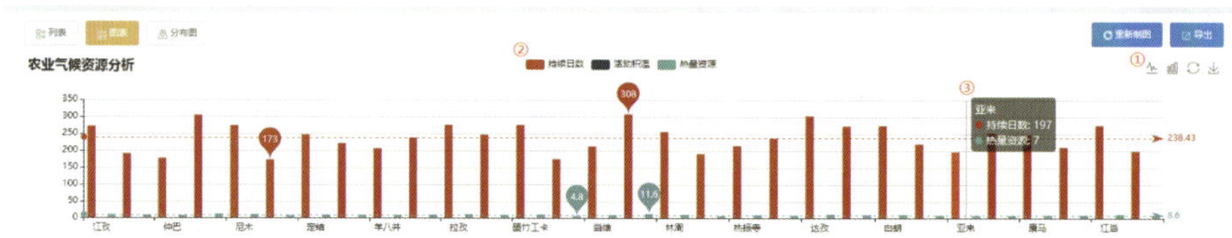

图表说明：

(1)点击①处折线图标，图表按折线图方式展示；点击柱形图标，图表按照柱形图方式展示；点击刷新图标，则默认柱线图展示；点击下载图标或者按钮 导出 ，则可下载所展示图表。

(2)图中②处展示图表的图例，点击对应的图例，图例颜色置灰，则图表中不展示该图例对应的数据信息；再次点击图例，颜色恢复，则图表中展示该图例对应的数据信息。

(3)图中③处展示纵坐标的值，鼠标移动到横坐标对应的区域，则展示具体的值。

(4)图中虚线为平均值，根据虚线的颜色对应不同的气象要素名称。

➢ 数据分布图展示

在数据查询结果列表页面，点击按钮 分布图 ，可弹出分布图设置的弹框。

分布图设置说明如下：

(1)标题：可自动输入，按照“所出图方式＋插值字段”的规则展示分布图标题，也可自定义修改标题内容。

(2)副标题：默认展示查询条件中所选择的时间，若选择一天，则展示选择的日期，若选择日期范围，则展示日期范围，如 2020 年 1 月 1 日 至 2020 年 2 月 2 日，副标题内容不可修改。

(3)出图方式：区域和作物两种(单选)，若选择区域，则下拉选择框中的下拉列表加载区域信息，若选择作物，则下拉列表展示作物内容。

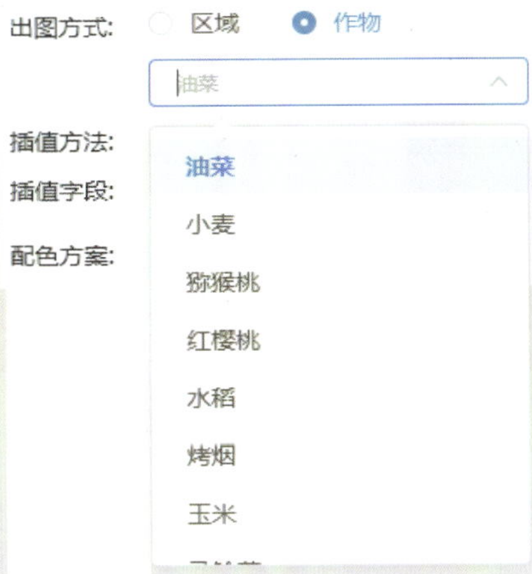

选择相应的内容后，主标题则展示所选择内容。

(4)插值方法：IDW 和克里金法，选择对应的插值方法，则按照对应的插值方式生成分布图。其中 IDW 插值通过对邻近区域的每个采样点值平均运算获得内插单元，克里金插值依据协方差函数对随机过程/随机场进行空间建模和预测插值。

(5)插值字段：下拉列表加载各列的名称，分布图中根据所选择列的值进行展示。

(6)配色方案：自定义和地标两种方式，选择自定义时，分布图的拟画值及色标可进行修改；选择地标，则根据预置的色阶色标进行出图。

在分布图设置弹框中，参数设置后，点击按钮 确定 ，即可生成分布图，点击按钮 取消 ，可取消分布图操作。点击列表左上角的按钮 分布图 或者按钮 重新制图 ，可重新弹出分布图设置弹框，重新设置分布图出图参数。点击右上角按钮 导出 ，可将生成的分布图导出到本地。

3.1.5 土壤水分站

土壤水分站：查询国家站每小时的土壤水分数据，可对相对湿度、体积含水率、有效水分贮存量、重量含水率进行 10～50 cm 各层次的数据查询。

操作菜单：气象观测数据—土壤水分站—土壤水分观测数据。

点击菜单即可进入土壤水分观测数据页面。

➤ 数据查询

查询条件说明：

（1）站点：站点默认展示当前登录账号的归属区域的国家站站点信息，其下拉列表展示国家站信息。

（2）时间：根据所选的时间范围返回数据，可自定义选择时间；点击时间弹出控件。

点击控件中的月，可弹出月份的选择框，在月份的选择框中点击年，可弹出年的选择框；也可在控件中点击向左向右的双箭头《 》切换年，点击控件向左向右的单箭头〈 〉切换月份；点击①处可弹出时刻的选择框，可自定义选择小时。

（3）要素选择：单项，可选择相对湿度、体积含水率、有效水分贮存量、重量含水率，根据选择的要素返回值。

（4）层次：选择土壤的深度，可选项有 10 cm、20 cm、30 cm、40 cm、50 cm，可多选，根据所选择的层次返回对应土壤深度的要素平均值。

在查询条件中设置查询条件后，点击按钮 查询 ，即可根据查询条件设置的内容返回结果。

3.2 气候灾害分析

气象灾害分析，主要对连阴雨、暴雨洪涝、霜冻、湿渍害、干旱过程这几种气象灾害进行数据的统计分析。

3.2.1 连阴雨

连阴雨，统计分析各站点发生连阴雨的持续日数、出现日期、结束日期、累积雨量。当连续降雨≥5 d，降雨时段逐日日照时数观测值为<1 h 时，发生连阴雨气象灾害，根据此条件进行计算查询连阴雨数据信息。

操作菜单：气象灾害分析—连阴雨。

点击菜单即可进入连阴雨列表展示页面，可在页面左上角连阴雨处查看连阴雨的条件。

➢ 数据查询

查询条件说明：

（1）站点：站点默认展示当前登录账号的归属区域的国家站站点信息，其下拉列表展示国家站信息。

（2）年份：下拉列表，可选择 1981 年至当年，默认展示当年。

（3）截止日期：默认展示当天，日期控件可自定义；点击时间弹出控件。

点击控件中的月，可弹出月份的选择框，点击控件向左向右的单箭头〈 〉可切换月份。

（4）查询方式：下拉列表，可选项有过程查询、汇总查询，选择过程查询时根据所选择日期按天返回结果；选择汇总查询时对比 1981 年以来的气象返回持续日数、常年同期平均值、平均降水量、历史最大持续天数、历史最大年份的结果数据。

在查询条件中设置查询条件后，点击按钮 查询，即可根据查询条件设置的内容返回结果。

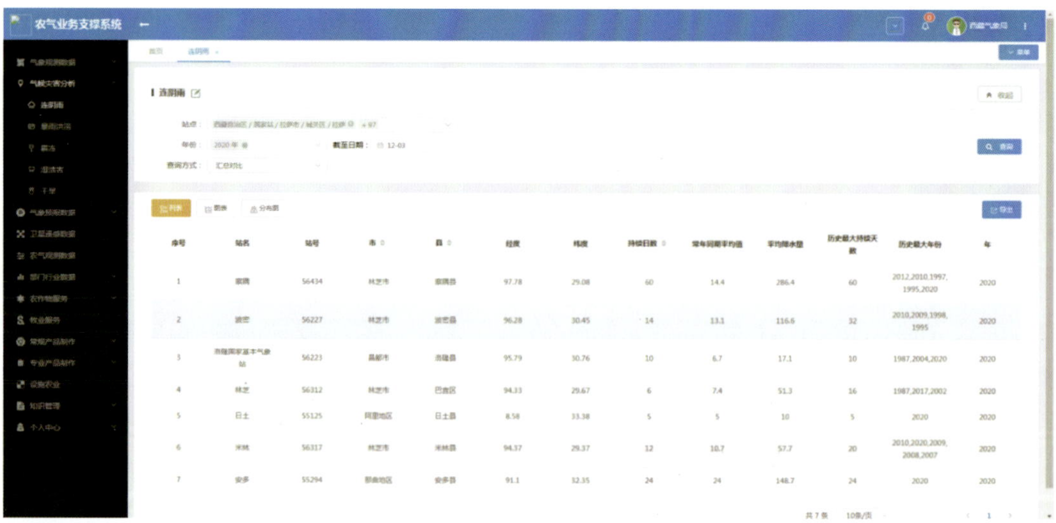

➤ 数据图表展示

在数据查询结果列表页面中，点击列表左上角的按钮 图表 ，将查询的数据结果中的持续日期、常年同期平均值和历史最大持续天数以图表的形式展示。

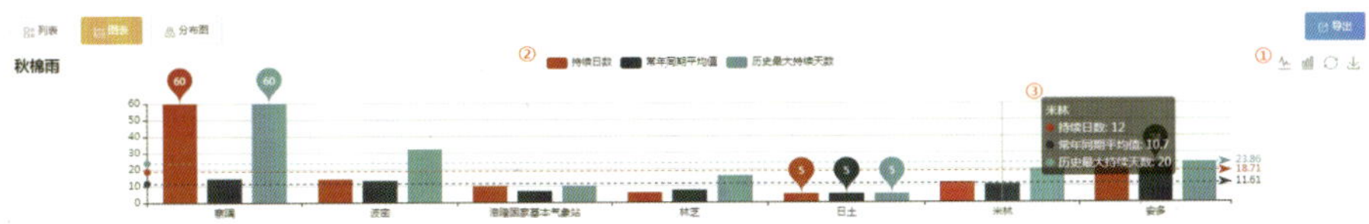

图表说明：

(1)点击①处折线图标，图表按折线图方式展示；点击柱形图标，图表按照柱形图方式展示；点击刷新图标，则默认柱线图展示；点击下载图标或者按钮 导出 ，则可下载所展示图表。

(2)图中②处展示图表图例，点击对应的图例，图例颜色置灰，则图表中不展示该图例对应的数据信息；再次点击图例，颜色恢复，则图表中展示该图例对应的数据信息。

(3)图中③处展示横纵坐标的值，鼠标移动到横坐标对应的区域，则展示具体的值。

(4)图中虚线为平均值，根据虚线的颜色对应不同的气象要素名称。

➤ 数据分布图展示

在数据查询结果列表页面，点击按钮 分布图 ，可弹出分布图设置的弹框。

分布图设置说明如下：

(1)标题：可自动输入，按照“所出图方式＋插值字段”的规则展示分布图标题，也可自定义修改标题内容。

(2)副标题：默认展示查询条件中所选择的时间，若选择一天，则展示选择的日期，若选择日期范围，则展示日期范围，如 2020 年 1 月 1 日 至 2020 年 2 月 2 日，副标题内容不可修改。

(3)出图方式：区域和作物两种(单选)，若选择区域，则下拉选择框中的下拉列表加载区域信息，若选择作物，则下拉列表展示作物内容。选择相应的内容后，主标题则展示所选择内容。

(4)插值方法：IDW 和克里金法，选择对应的插值方法，则按照对应的插值方式生成分布图。其中 IDW 插值通过对邻近区域的每个采样点值平均运算获得内插单元，克里金插值依据协方差函数对随机过程/随机场进行空间建模和预测插值。

(5)插值字段：下拉列表加载各列的名称，分布图中根据所选择列的值进行展示。

(6)配色方案：自定义和地标两种方式，选择自定义时，分布图的拟画值及色标可进行修改；选择地标，则根据预置的色阶色标进行出图。

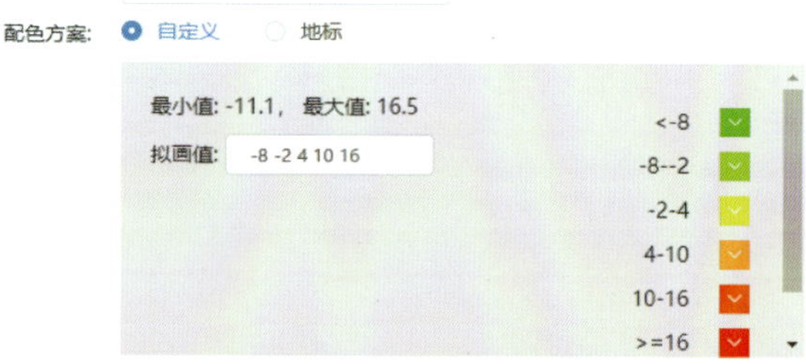

在分布图设置弹框中，参数设置后，点击按钮 确定 ，即可生成分布图，点击按钮 取消 ，可取消分布图操作。点击列表左上角的按钮 分布图 或者按钮 重新制图，可重新弹出分布图设置弹框，重新设置分布图出图参数。点击右上角按钮 导出 ，可将生成的分布图导出到本地。

3.2.2 暴雨洪涝

暴雨洪涝，统计各站点的发生暴雨洪涝的等级及降水量；在页面左上角点击，即可加载出暴雨洪涝的等级划分标准。

操作菜单：气象灾害分析—暴雨洪涝。

点击菜单即可进入暴雨洪涝列表页面。

➢ 数据查询

查询条件说明：

(1)站点：站点默认展示当前登录账号归属区域的国家站站点信息，其下拉列表展示国家站信息。

(2)年份：下拉列表，可选择 1981 年至当年，默认展示当年。

(3)截止日期：默认展示当天，日期控件可自定义；点击时间弹出控件。

点击控件中的月，可弹出月份的选择框，点击控件向左向右的单箭头< >可切换月份。

(4)查询方式：下拉列表，可选项有过程查询、汇总查询，选择过程查询时根据所选择日期按天返回结果；选择汇总查询时对比 1981 年以来的气象返回持续日数、常年同期平均值、平均降水量、历史最大持续天数、历史最大年份的结果数据。

在查询条件中设置查询条件后，点击按钮 查询 ，即可根据查询条件设置的内容返回结果。

➢ 数据图表展示

在数据查询结果列表页面中，点击列表左上角的按钮 图表 ，将查询的数据结果中的等级以图表的形式展示。

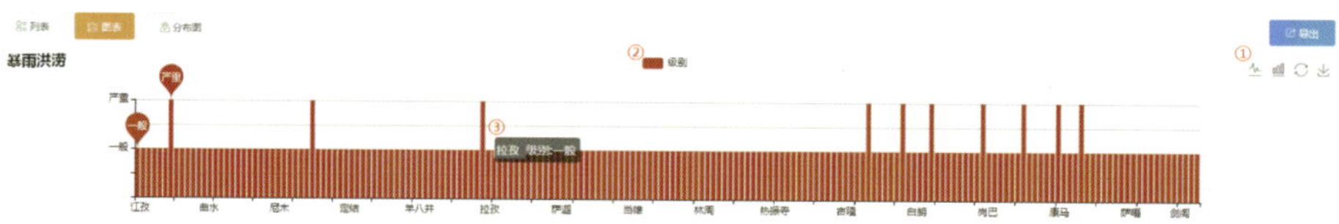

图表说明：

（1）点击①处折线图标，图表按折线图方式展示；点击柱形图标，图表按照柱形图方式展示；点击刷新图标，则默认柱线图展示；点击下载图标或者按钮 导出 ，则可下载所展示图表。

（2）图中②处展示图表的图例，点击对应的图例，图例颜色置灰，则图表中不展示该图例对应的数据信息；再次点击图例，颜色恢复，则图表中展示该图例对应的数据信息。

（3）图中③处展示纵坐标的值，鼠标移动到横坐标对应的区域，则展示具体的值。

（4）图中虚线为平均值，根据虚线的颜色对应不同的气象要素名称。

➢ 数据分布图展示

在数据查询结果列表页面，点击按钮 分布图 ，可弹出分布图设置的弹框。

分布图设置说明如下：

（1）标题：可自动输入，按照“所出图方式＋插值字段”的规则展示分布图标题，也可自定义修改标题内容。

（2）副标题：默认展示查询条件中所选择的时间，若选择一天，则展示选择的日期，若选择日期范围，则展示日期范围，如 2020 年 1 月 1 日 至 2020 年 2 月 2 日，副标题内容不可修改。

（3）出图方式：区域和作物两种（单选），若选择区域，则下拉选择框中的下拉列表加载区域信息，若选择作物，则下拉列表展示作物内容。选择相应的内容后，主标题则展示所选择内容。

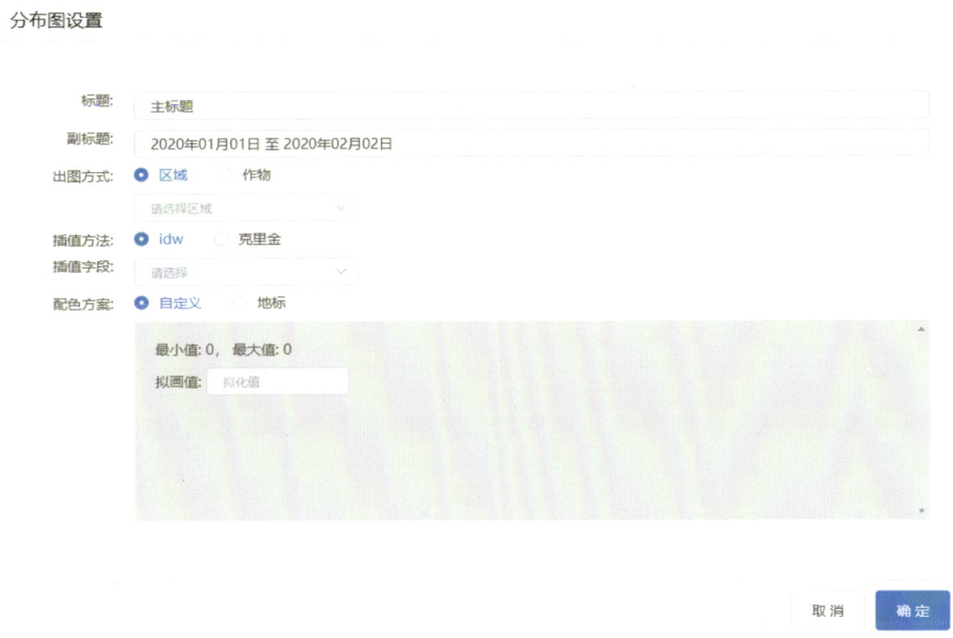

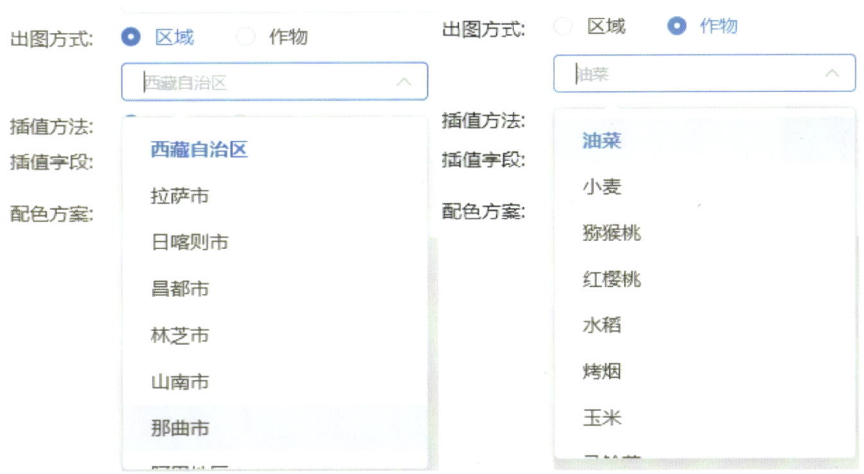

(4)插值方法：IDW 和克里金法，选择对应的插值方法，则按照对应的插值方式生成分布图。其中 IDW 插值通过对邻近区域的每个采样点值平均运算获得内插单元，克里金插值依据协方差函数对随机过程/随机场进行空间建模和预测插值。

(5)插值字段：下拉列表加载各列的名称，分布图中根据所选择列的值进行展示。

(6)配色方案：自定义和地标两种方式，选择自定义时，分布图的拟画值及色标可进行修改；选择地标，则根据预置的色阶色标进行出图。

在分布图设置弹框中，参数设置后，点击按钮 确定 ，即可生成分布图，点击按钮 取消 ，可取消分布图操作。点击列表左上角的按钮 分布图 或者按钮 重新制图 ，可重新弹出分布图设置弹框，重新设置分布图出图参数。点击右上角按钮 导出 ，可将生成的分布图导出到本地。

3.2.3　霜冻

霜冻，统计发生霜冻气象灾害的站点信息，并返回发生的霜冻出现的时间范围及持续日数。当气温≤0 ℃即形成霜，当气温降至 2 ℃以下时地面温度已接近 0 ℃，因此以日最低气温≤2 ℃为霜冻指标。根据此指标信息返回发生霜冻的站点数据信息。

操作菜单：气象灾害分析—霜冻。

点击菜单即可进入霜冻列表展示页面。

➢ 数据查询

查询条件说明：

（1）站点：站点默认展示当前登录账号归属区域的国家站站点信息，其下拉列表展示国家站信息。

（2）年份：下拉列表，可选择1981年至当年，默认展示当年。

（3）截止日期：默认展示当天，日期控件可自定义；点击时间弹出控件。

点击控件中的月，可弹出月份的选择框，点击控件向左向右的单箭头‹ ›可切换月份。

（4）查询方式：下拉列表，可选项有过程查询、汇总查询，选择过程查询时根据所选择日期按天返回灾害出现的日期范围及持续日数；选择汇总查询时对比1981年以来的气象返回持续天数、常年同期平均值、历史最大持续天数、历史最大年份的结果数据。

在查询条件中设置查询条件后，点击按钮 查询 ，即可根据查询条件设置的内容返回结果。

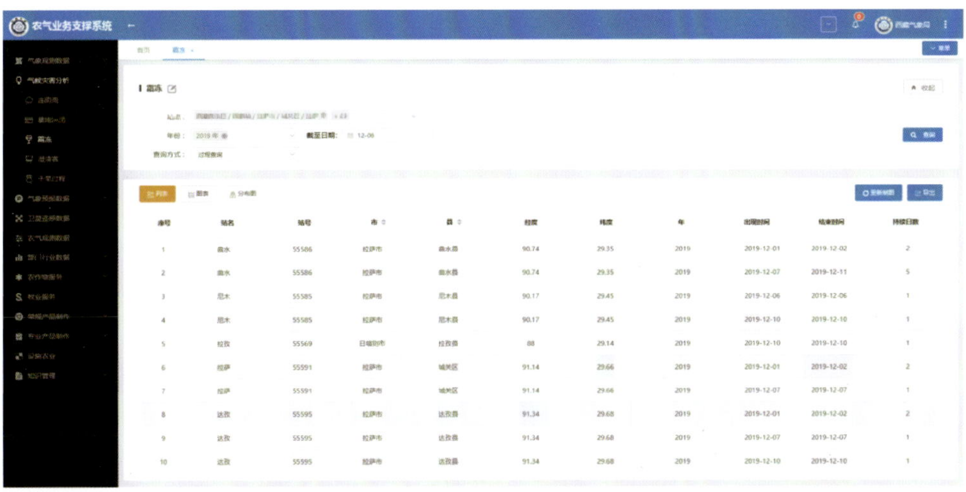

➢ 数据图表展示

在数据查询结果列表页面中，点击列表左上角的按钮 图表 ，将查询的数据结果以图表的形式展示。

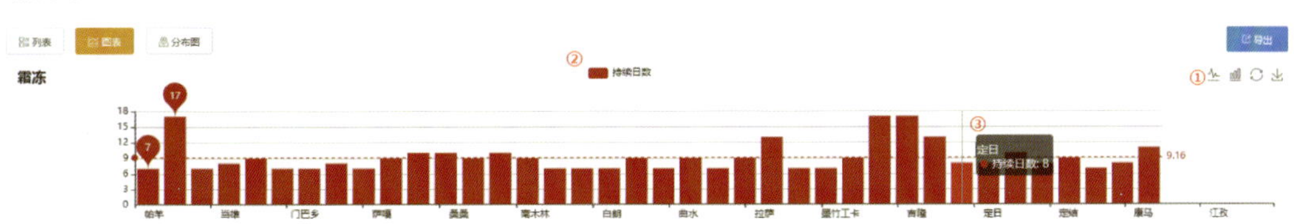

图表说明：

（1）点击①处折线图标，图表按折线图方式展示；点击柱形图标，图表按照柱形图方式展示；点击刷新图标，则默认柱线图展示；点击下载图标或者按钮 导出 ，则可下载所展示图表。

（2）图中②处展示图表的图例，点击对应的图例，图例颜色置灰，则图表中不展示该图例对应的数据信息；再次点击图例，颜色恢复，则图表中展示该图例对应的数据信息。

（3）图中③处展示纵坐标的值，鼠标移动到横坐标对应的区域，则展示具体的值。

（4）图中虚线为平均值，根据虚线的颜色对应不同的气象要素名称。

➢ 数据分布图展示

在数据查询结果列表页面，点击按钮 分布图 ，可弹出分布图设置的弹框。

分布图设置说明如下：

（1）标题：可自动输入，按照“所出图方式＋插值字段”的规则展示分布图标题，也可自定义修改标题内容。

（2）副标题：默认展示查询条件中所选择的时间，若选择一天，则展示选择的日期，若选择日期范围，则展示日期范围，如 2020 年 1 月 1 日 至 2020 年 2 月 2 日，副标题内容不可修改。

（3）出图方式：区域和作物两种（单选），若选择区域，则下拉选择框中的下拉列表加载区域信息，若选择作物，则下拉列表展示作物内容。选择相应的内容后，主标题则展示所选择内容。

（4）插值方法：IDW 和克里金法，选择对应的插值方法，则按照对应的插值方式生成分布图。其中 IDW 插值通过对邻近区域的每个采样点值平均运算获得内插单元，克里金插值依据

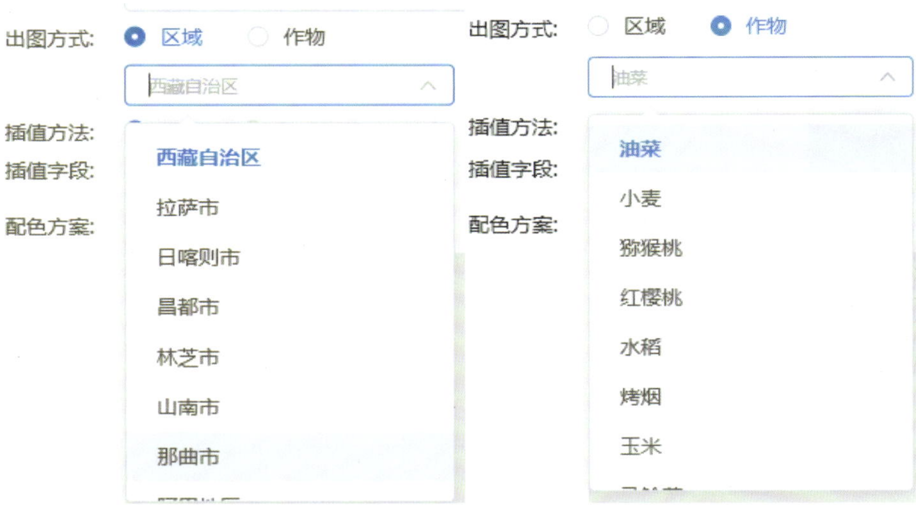

协方差函数对随机过程/随机场进行空间建模和预测插值。

(5)插值字段：下拉列表加载各列的名称，分布图中根据所选择列的值进行展示。

(6)配色方案：自定义和地标两种方式，选择自定义时，分布图的拟画值及色标可进行修改；选择地标，则根据预置的色阶色标进行出图。

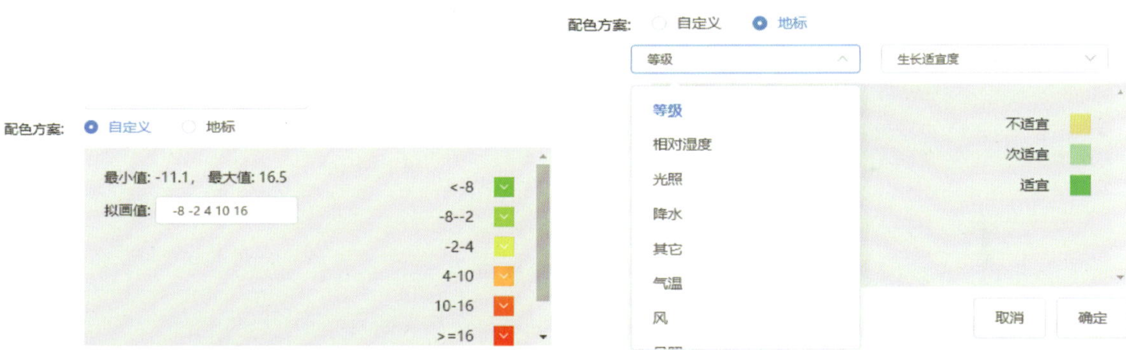

在分布图设置弹框中，参数设置后，点击按钮 确定 ，即可生成分布图，点击按钮 取消 ，可取消分布图操作。点击列表左上角的按钮 分布图 或者按钮 重新制图 ，可重新弹出分布图设置弹框，重新设置分布图出图参数。点击右上角按钮 导出 ，可将生成的分布图导出到本地。

3.2.4 湿渍害

湿渍害，统计发生湿渍害气象灾害的站点信息，并返回发生的湿渍害出现的时间范围及持续日数等。当连续 5 d 以上阴雨，过程总降水量>50 mm，日降水量≥20 mm；连续 7 d 以上阴雨，过程总降水量>70 mm，日照时数<1 h 时，即发生气象灾害湿渍害，根据此指标信息返回发生湿渍害的站点数据信息。

操作菜单：气象灾害分析—湿渍害。

点击菜单即可进入湿渍害列表展示页面。

➢ 数据查询

查询条件说明：

（1）站点：站点默认展示当前登录账号归属区域的国家站站点信息，其下拉列表展示国家站信息。

（2）年份：下拉列表，可选择 1981 年至当年，默认展示当年。

（3）截止日期：默认展示当天，日期控件可自定义；点击时间弹出控件。

点击控件中的月，可弹出月份的选择框，点击控件向左向右的单箭头＜ ＞可切换月份。

（4）查询方式：下拉列表，可选项有过程查询、汇总查询，选择过程查询时，根据所选择日期按天返回灾害出现的日期范围及持续日数；选择汇总查询时，对比 1981 年以来的气象返回持续天数、总降水量、常年同期平均值、历史最大持续天数、最大值出现年份的结果数据。

在查询条件中设置查询条件后，点击按钮 查询 ，即可根据查询条件设置的内容返回结果。

➢ 数据图表展示

在数据查询结果列表页面中，点击列表左上角的按钮 图表 ，将查询的数据结果以图表的形式展示。

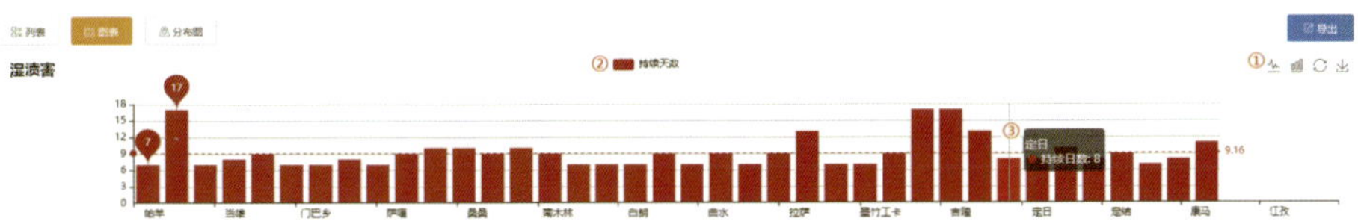

图表说明：

（1）点击①处折线图标，图表按折线图方式展示；点击柱形图标，图表按照柱形图方式展示；点击刷新图标，则默认柱线图展示；点击下载图标或者按钮 导出 ，则可下载所展示图表。

（2）图中②处展示图表的图例，点击对应的图例，图例颜色置灰，则图表中不展示该图例对应的数据信息；再次点击图例，颜色恢复，则图表中展示该图例对应的数据信息。

（3）图中③处展示纵坐标的值，鼠标移动到横坐标对应的区域，则展示具体的值。

（4）图中虚线为平均值，根据虚线的颜色对应不同的气象要素名称。

➢ 数据分布图展示

在数据查询结果列表页面，点击按钮 分布图 ，可弹出分布图设置的弹框。

分布图设置说明如下：

（1）标题：可自动输入，按照“所出图方式＋插值字段”的规则展示分布图标题，也可自定义修改标题内容。

（2）副标题：默认展示查询条件中所选择的时间，若选择一天，则展示选择的日期，若选择日期范围，则展示日期范围，如 2020 年 1 月 1 日 至 2020 年 2 月 2 日，副标题内容不可修改。

（3）出图方式：区域和作物两种（单选），若选择区域，则下拉选择框中的下拉列表加载区域信息，若选择作物，则下拉列表展示作物内容。选择相应的内容后，主标题则展示所选择内容。

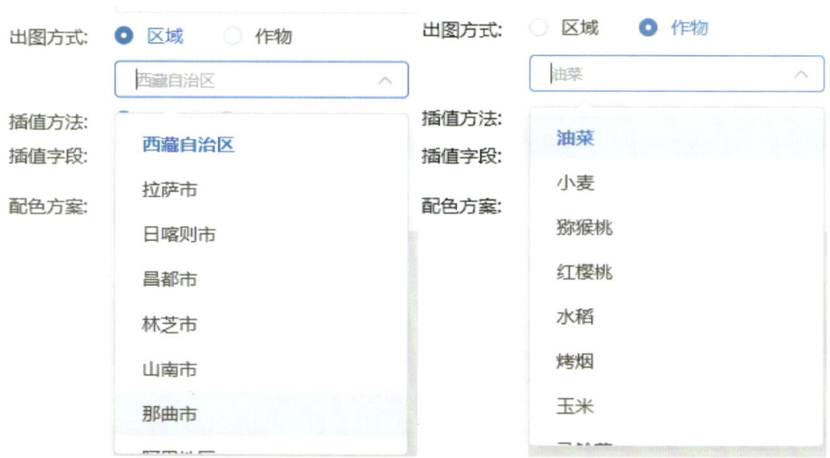

(4)插值方法:IDW 和克里金法,选择对应的插值方法,则按照对应的插值方式生成分布图。其中 IDW 插值通过对邻近区域的每个采样点值平均运算获得内插单元,克里金插值依据协方差函数对随机过程/随机场进行空间建模和预测插值。

(5)插值字段:下拉列表加载各列的名称,分布图中根据所选择列的值进行展示。

(6)配色方案:自定义和地标两种方式,选择自定义时,分布图的拟画值及色标可进行修改;选择地标,则根据预置的色阶色标进行出图。

在分布图设置弹框中,参数设置后,点击按钮 确定 ,即可生成分布图,点击按钮 取消 ,可取消分布图操作。点击列表左上角的按钮 分布图 或者按钮 重新制图 ,可重新弹出分布图设置弹框,重新设置分布图出图参数。点击右上角按钮 导出 ,可将生成的分布图导出到本地。

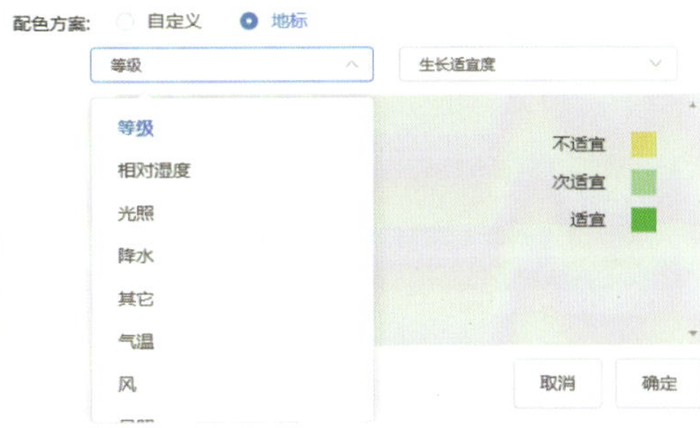

3.2.5 干旱

干旱,统计发生春旱、夏旱、伏旱和冬干的站点信息,并返回发生的气象灾害出现的时间范围及持续日数等。当连续 30 d 降水总量<10 mm 时,即发生气象灾害干旱,根据此指标信息返回发生干旱的站点数据信息。

操作菜单:气象灾害分析—干旱。

点击菜单即可进入干旱列表展示页面。

➢ 数据查询

查询条件说明:

(1)站点:站点默认展示当前登录账号归属区域的国家站站点信息,其下拉列表展示国家站信息。

（2）年份：下拉列表，可选择 1981 年至当年，默认展示当年。

（3）截止日期：默认展示当天，日期控件可自定义；点击时间弹出控件。

点击控件中的月，可弹出月份的选择框，点击控件向左向右的单箭头‹ ›可切换月份。

（4）查询方式：下拉列表，可选项有过程查询、汇总查询，选择过程查询时根据所选择日期按天返回灾害出现的日期范围及持续日数；选择汇总查询时对比 1981 年以来的气象返回持续天数、总降水量、常年同期平均值、历史最大持续天数、最大值出现年份的结果数据。

在查询条件中设置查询条件后，点击按钮 查询 ，即可根据查询条件设置的内容返回结果。

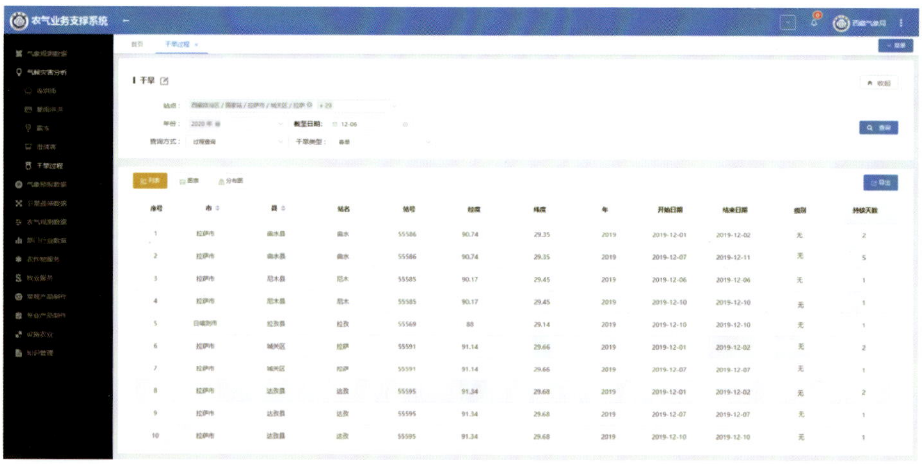

➢ 数据图表展示

在数据查询结果列表页面中，点击列表左上角的按钮 图表 ，将查询的数据结果以图表的形式展示。

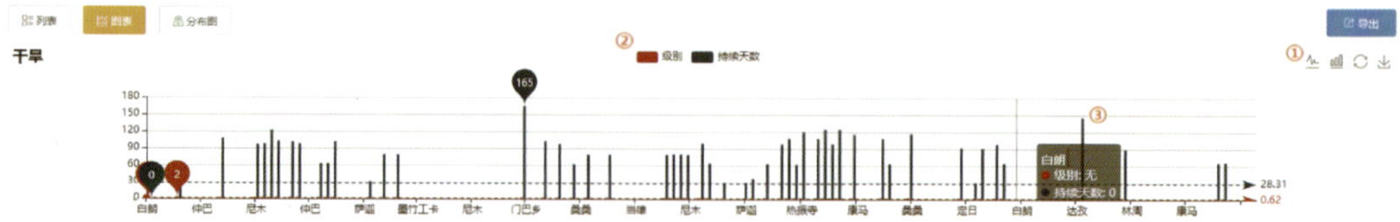

图表说明：

（1）点击①处折线图标，图表按折线图方式展示；点击柱形图标，图表按照柱形图方式展示；点击刷新图标，则默认柱线图展示；点击下载图标或者按钮 导出 ，则可下载所展示图表。

（2）图中②处展示图表的图例，点击对应的图例，图例颜色置灰，则图表中不展示该图例对应的数据信息；再次点击图例，颜色恢复，则图表中展示该图例对应的数据信息。

（3）图中③处展示纵坐标的值，鼠标移动到横坐标对应的区域，则展示具体的值。

（4）图中虚线为平均值，根据虚线的颜色对应不同的气象要素名称。

➤ 数据分布图展示

在数据查询结果列表页面，点击按钮 分布图 ，可弹出分布图设置的弹框。

分布图设置说明如下：

（1）标题：可自动输入，按照“所出图方式＋插值字段”的规则展示分布图标题，也可自定义修改标题内容。

（2）副标题：默认展示查询条件中所选择的时间，若选择一天，则展示选择的日期，若选择日期范围，则展示日期范围，如 2020 年 1 月 1 日 至 2020 年 2 月 2 日，副标题内容不可修改。

（3）出图方式：区域和作物两种（单选），若选择区域，则下拉选择框中的下拉列表加载区域信息，若选择作物，则下拉列表展示作物内容。

选择相应的内容后，主标题则展示所选择内容。

（4）插值方法：IDW 和克里金法，选择对应的插值方法，则按照对应的插值方式生成分布图。其中 IDW 插值通过对邻近区域的每个采样点值平均运算获得内插单元，克里金插值依据协方差函数对随机过程/随机场进行空间建模和预测插值。

（5）插值字段：下拉列表加载各列的名称，分布图中根据所选择列的值进行展示。

（6）配色方案：自定义和地标两种方式，选择自定义时，分布图的拟画值及色标可进行修改；选择地标，则根据预置的色阶色标进行出图。

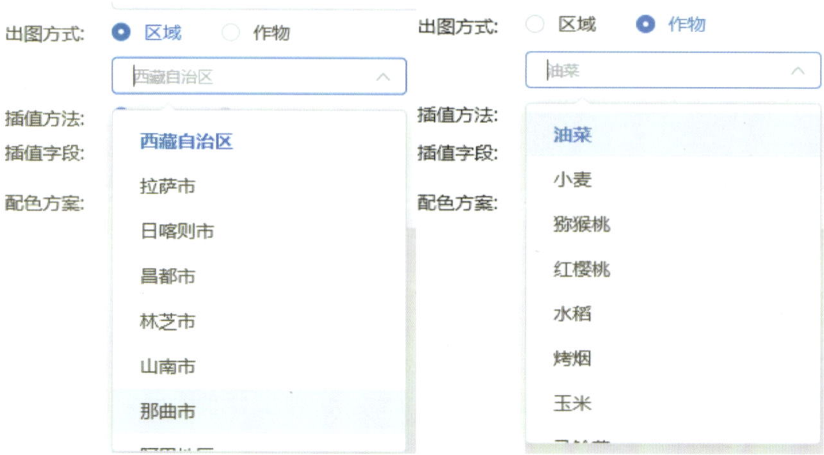

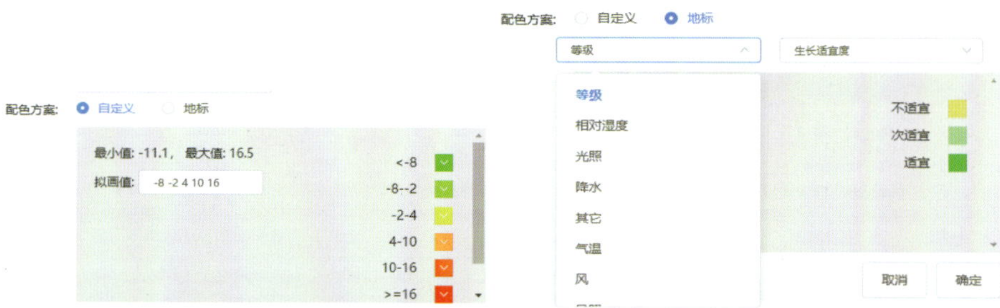

在分布图设置弹框中，参数设置后，点击按钮 确定 ，即可生成分布图，点击按钮 取消 ，可取消分布图操作。点击列表左上角的按钮 分布图 或者按钮 重新制图 ，可重新弹出分布图设置弹框，重新设置分布图出图参数。点击右上角按钮 导出 ，可将生成的分布图导出到本地。

3.3　气象预报数据

气象预报数据中仅包含网格预报数据，可通过对网格预报数据求平均和求和计算出气温、高温的预报值，并通过不同颜色展示在地图上。

操作位置：气象预报数据—网格预报数据。

点击菜单即可进入网格预报数据展示页面，页面展示可参照下图，中间地图默认展示西藏自治区地图划分区域。

➢ 地图操作

可滚动鼠标滚轮放大缩小地图，也可通过地图左上角的“＋”“－”放大缩小地图。

➢ 数据查询

（1）计算方法：下拉列表，选择项有平均、求和，根据选择计算方式对数据进行求和或者求平均处理。

（2）要素：下拉选项，选项值有气温、高温、低温、降水，根据选择的气象要素返回对应的气象数据。

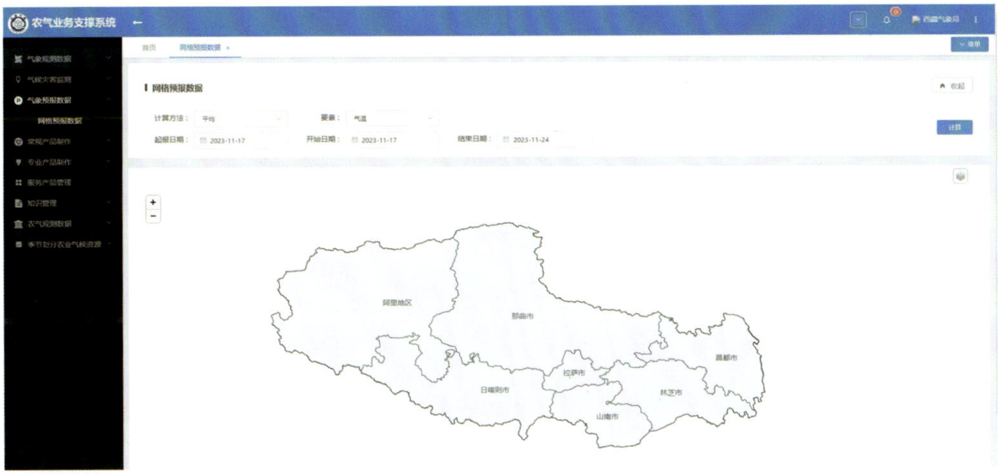

(3)起报日期：时间控件，定义开始预报的时间。

(4)开始日期/结束日期：时间控件，定义预报的具体时间范围。

设置完预报条件后，点击按钮 计算 ，地图上加载出网格预报的色斑图，并展示对应的图例信息。

3.4 部门行业数据

部门行业数据主要是对农业产量数据进行维护统计，在农业产量数据中可对其进行新增、修改、删除、导出等操作。

操作菜单：部门行业数据—农业经济数据—农业产量数据。

点击菜单即可进入农业产量数据页面。

➢ 农业产量数据查询

查询条件说明：

(1)年份：下拉列表，展示年份信息，可选择年份有 1981 年至当年，可多选，根据选择年份返回对应年份的农业产量数据。

（2）作物：下拉列表加载作物信息，可多选，根据选择作物信息返回对应的作物的农业产量数据。

（3）站点：站点默认展示当前登录账号归属区域的国家站站点信息，其下拉列表展示国家站信息。

查询条件设置完后，点击按钮 查询 ，即可根据查询条件设置的内容返回农业产量数据结果。

➢ 农业产量数据新增

根据年份、站点新增一条记录。在农业产量数据列表页面中，点击按钮 新增 ，即可弹出新增记录的弹框。

录入年份和站点信息，点击按钮 确定 ，即可成功新增一条记录，列表展示新增的记录信息，点击按钮 取消 ，可取消新增农业产量数据的记录。

➢ 农业产量数据编辑

在列表中点击操作列中的按钮 编辑 ，可对农业产量数据进行编辑，可加载编辑框。

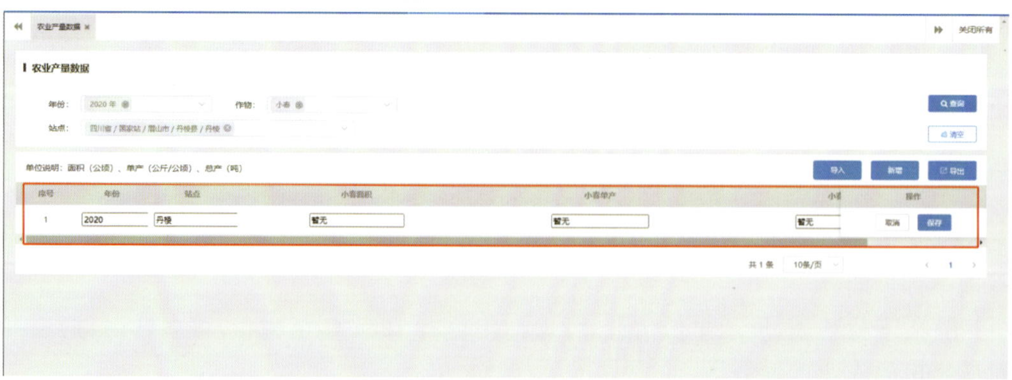

更新农业产量数据信息，如作物面积、作物单产或者作物总产，点击保存，即可保存农业产量数据修改信息，点击按钮取消，可取消对农业产量数据的修改。

➢ 农业产量数据删除

在列表中点击操作列中的按钮删除，弹出确认删除的提示框信息。

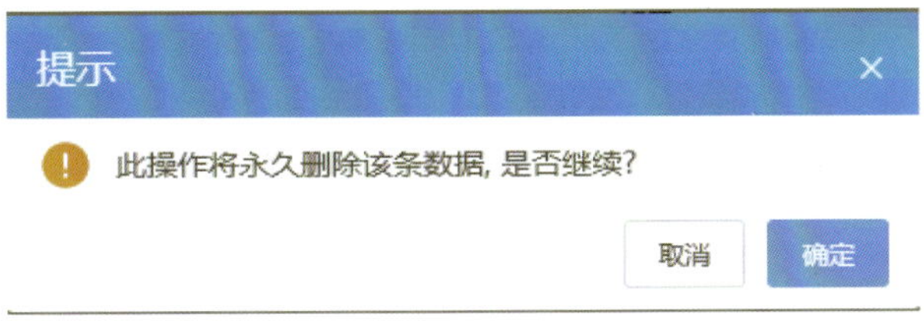

在提示框中点击按钮确定，即可成功删除农业产量数据记录，点击按钮取消，可取消删除农业产量数据记录的操作。

3.5 常规产品制作

常规产品制作包含：农业气象旬月报、土壤水分监测公报、农业气象病虫害报告、农用天气预报、农业气候评价、气象专题分析报告、气象灾情报告这几类产品的制作。

3.5.1 农业气象旬月报

农业气象旬月报，可对气象产品农业气象旬、月报进行制作，制作的内容包含气候发展、气象条件评述、天气趋势、对策措施、产品摘要等基本信息。

操作菜单：常规产品制作—农业气象旬月报。

点击菜单可进入农业气象旬、月报产品制作页面。

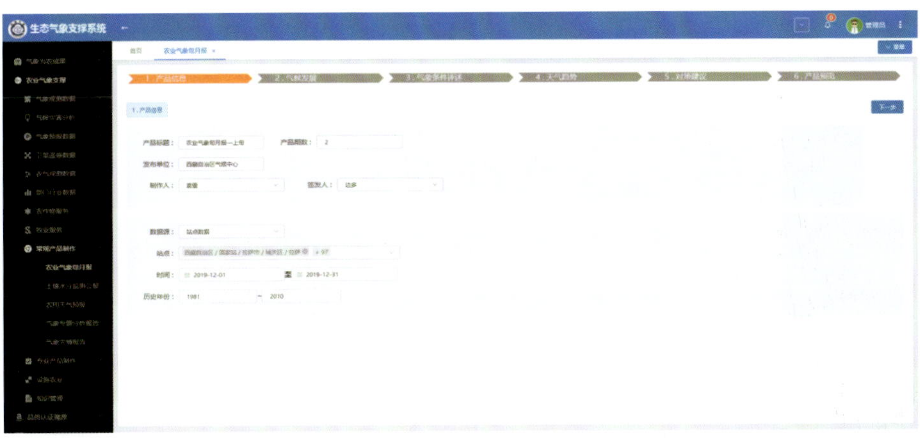

➢ 产品信息

产品信息各字段说明：

（1）产品标题：定义旬、月报的产品标题信息，可自定义。

（2）产品期数：统计旬、月报制作的期数，数值可修改。

（3）发布单位：默认展示当前登录用户归属单位，定义旬、月报发布的单位，可修改。

（4）制作人/签发人：下拉列表（单选），定义旬、月报产品的制作人和签发人信息。

（5）数据源：默认展示站点数据。

（6）站点：根据选择的站点数据返回国家站的站点，根据选择国家站站点在后续气候发展中返回气象数据并生成分布图。

（7）时间：若当前时间在上旬、中旬或者下旬，则展示上一月的下旬、当月上旬或者当月中旬的时间范围，根据所选时间范围返回气象数据。

（8）年份：默认展示1981—2010年共30 a，根据年份的气象数据在后续气候发展中计算距平信息，可自定义年份范围。

在产品信息中，设置产品信息中字段内容后，点击按钮 下一步 ，则可进入气候发展页面。

➢ 气候发展

气候发展页面内容说明：

（1）分布图：根据产品信息中设置的时间范围、站点、年份信息，展示气温、日照、降水实际值的分布图；根据所选时间范围展示气温、日照、降水分布图。

（2）分布图操作：点击分布图可预览分布图，点击右上角按钮 ⊗ ，可关闭预览图片；点击分布图下的 距平值 ，则展示气象要素距平值的分布图；点击分布图右下角 数据 ，则弹出列表展示各站点的数值信息，可对数值进行修改，点击弹框右下角的按钮 确定 ，可根据修改后的数据重新生成分布图。

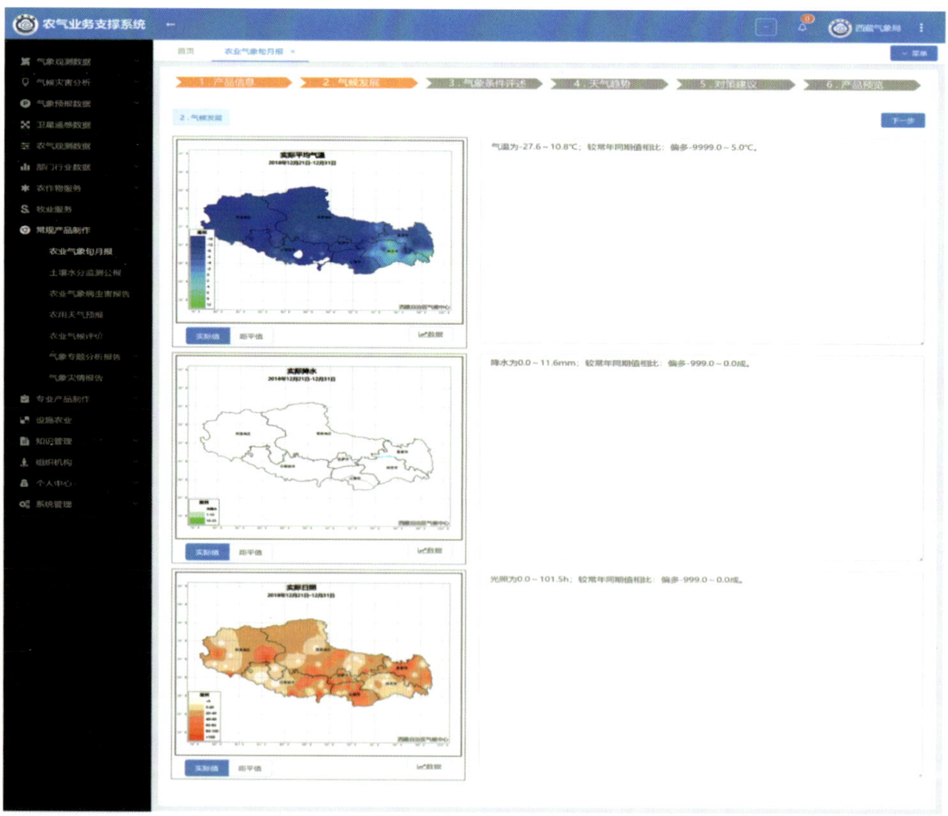

(3)文本：右侧加载各气象要素的文字描述内容，默认加载各气象要素的最低值、最高值及常年同期值对比情况，也可自定义。

在天气气候里面设置好内容，点击按钮 下一步 ，即可进入气象条件评述页面。

➢ 气象条件评述

在气象条件评述页面中，录入气象条件的内容；点击按钮 下一步 ，即可进入天气趋势页面。

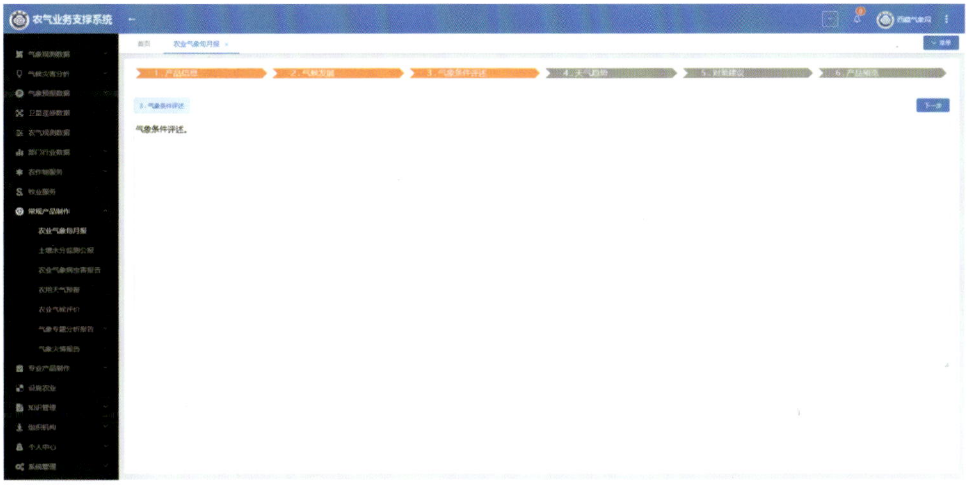

➢ 天气趋势

在天气趋势中录入天气预报等信息，点击按钮 下一步 ，即可进入对策建议页面。

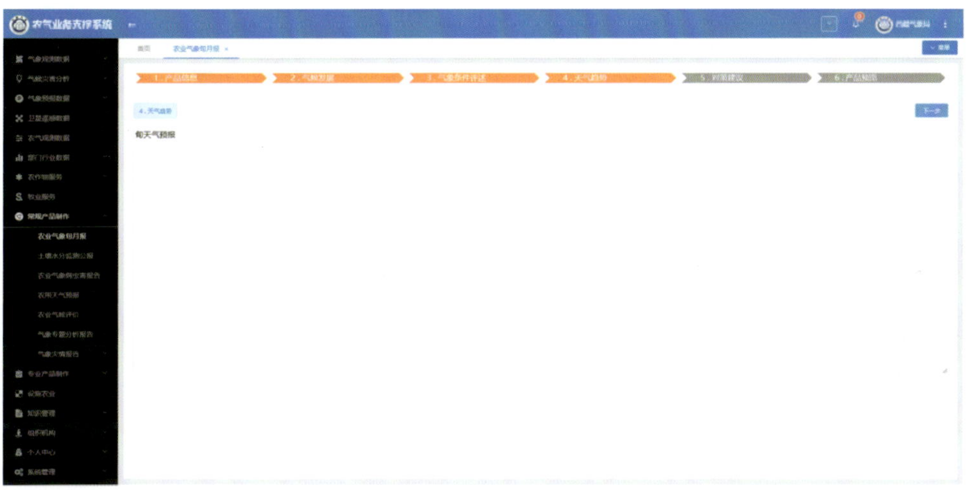

➢ 对策建议

在对策建议中加载出对策建议详细内容，可通过年份、作物、关键字进行搜索，勾选建议信息，点击按钮 下一步 ，可进入产品预览页面。

➢ 产品预览

在产品预览页面中，将产品信息、气候发展、气象条件评述、天气趋势、对策建议录入的数据通过 pageoffice 控件进行预览展示，可在预览页面进行内容调整，调整后需在控件中保存调整数据，再在预览的产品信息点击按钮 提交 ，即可完成农业气象旬、月报产品的制作，生成农业气象旬、月报产品。

3.5.2 土壤水分监测公报

土壤水分监测公报，主要是用于制作农气产品土壤水分监测公报。制作土壤水分监测公报有 4 步：数据参数、监测信息（土壤）、产品摘要和产品预览。

操作菜单：常规产品制作—土壤水分监测公报。

点击菜单即可进入土壤水分监测公报产品制作产品信息页面。

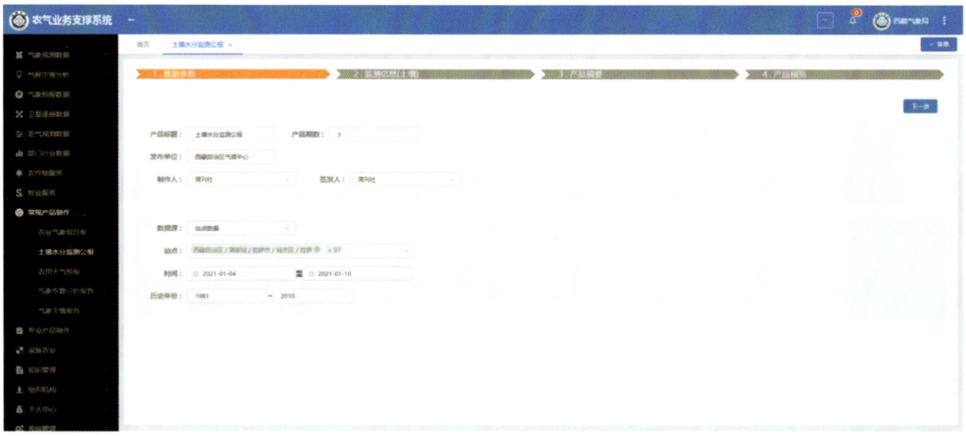

➢ 数据参数

页面中各字段说明：

(1)产品标题：定义土壤水分监测公报的产品标题信息，可自定义。

(2)产品期数：定义土壤水分监测公报期数，数值可修改。

(3)发布单位：默认展示当前登录用户的归属部门，用于展示产品的制作单位，可修改。

(4)制作人/签发人：下拉列表（单选），定义土壤水分监测公报产品的制作人和签发人信息。

(5)数据源：默认展示站点数据。

(6)站点：默认加载国家站站点信息，根据所选择的站点信息返回土壤水分信息。

(7)时间范围：默认展示近 7 d 的时间。

(8)历史年份：默认展示 1981—2010 年共 30 a。

在数据参数中，设置数据参数中字段内容后，点击按钮 下一步 ，则可进入监测信息(土壤)页面。

➢ 监测信息(土壤)

在监测信息(土壤)页面中，选择日期，点击查询，则右侧生成 10 cm、20 cm 土壤湿度的分布图及各站点土壤相对湿度表；在监测信息(土壤)录入文字说明，点击按钮 下一步 ，可进入产品摘要页面。

➢ 产品摘要

在产品摘要中录入摘要信息，点击按钮 下一步 ，即可进入产品预览页面。

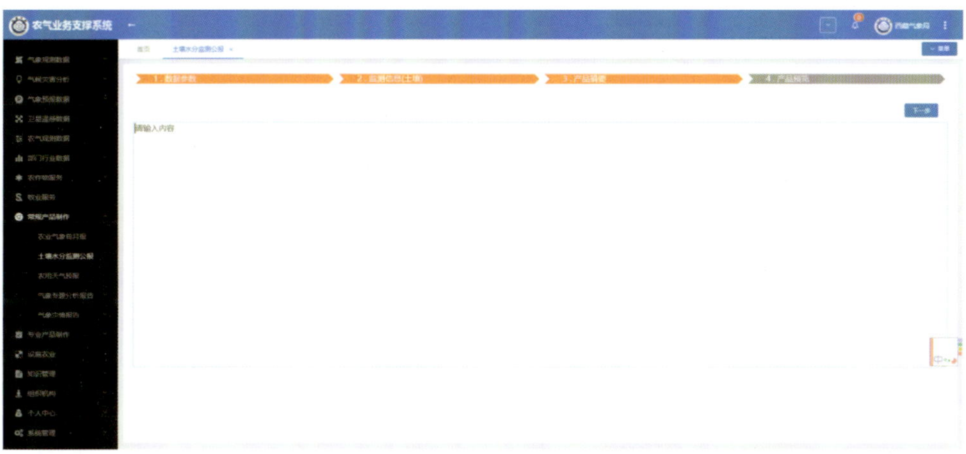

➢ 产品预览

在产品预览页面中，将产品摘要、土壤信息中录入的数据通过 pageoffice 控件进行预览展示，可在预览页面进行内容调整，调整后需在控件中保存调整数据，再在预览的产品信息中点击按钮 提交 ，即可完成土壤水分监测公报产品的制作，生成土壤水分监测公报产品。

3.5.3 农用天气预报

农用天气预报，主要是用于农业的天气预报。而制作农用天气预报有数据参数、本周天气、天气对作物的影响、对策建议、产品预览共 5 步。

操作菜单：常规产品制作—农用天气预报。

点击菜单即可进入农用大气预报产品制作产品信息页面。

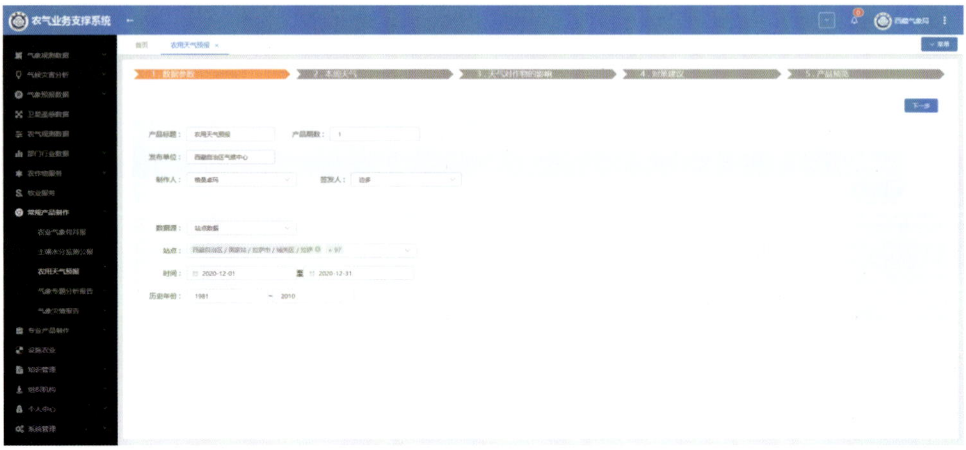

➢ 数据参数

各字段说明：

(1)标题：定义农用天气预报的产品标题信息，可自定义。

(2)产品期数：定义农用天气预报期数，默认展示当前产品的期数，数值可修改。

(3)发布单位：默认展示当前登录用户的归属部门，用于展示产品的制作单位，可修改。

(4)制作人/签发人：下拉列表(单选)，定义农用天气预报的制作人和签发人信息。

(5)数据源：默认展示站点数据。

(6)站点：默认加载国家站站点信息。

(7)时间范围：默认展示未来 7 d 的时间。

(8)历史年份：默认展示 1981—2010 年共 30 a。

在数据参数中配置好各字段数据后，点击按钮 下一步 ，可进入本周天气展示页面。

➢ 本周天气

在本周天气页面中，可根据选择的时间范围加载出各站点的预报数据，也可以人工录入本周天气信息，点击 下一步 ，即可进入天气对作物的影响数据录入页面。

➢ 天气对作物的影响

在天气对作物的影响中，展示各站点作物生育期的信息，并人工录入天气对作物的影响信息，点击 下一步 ，即可进入对策建议选择页面。

➢ 对策建议

在对策建议中加载出对策建议详细内容，可通过年份、作物、关键字进行搜索，勾选建议信息，点击按钮 下一步 ，可进入产品预览页面。

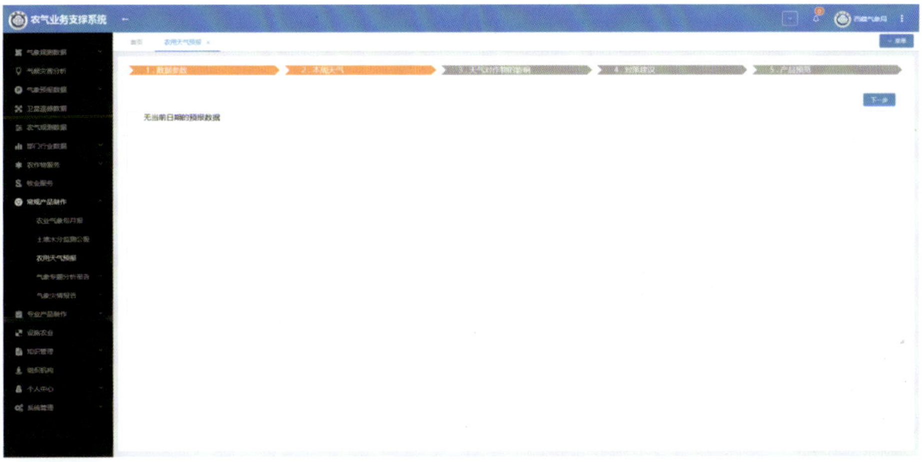

➢ 产品预览

在产品预览页面中，将数据参数、本周天气、天气对作物的影响、对策建议录入的数据通过pageoffice控件进行预览展示，可在预览页面进行内容调整，调整后需在控件中保存，再在预览的产品信息点击按钮 提交 ，即可完成农用天气预报产品的制作，生成农用天气预报产品。

3.5.4 春播春种专题报告

春播春种专题报告：可制作春播春种专题报告内容，主要分为产品信息、春播春种进程、上周天气、本周天气预测、春播春种预报、对策建议及产品预览 7 个步骤。

操作菜单：常规产品制作—气象专题分析报告—春播春种专题报告。

点击菜单可进入春播春种专题报告产品制作页面。

➢ 产品信息

各字段说明：

(1)标题：定义春播春种专题报告的产品标题信息，可自定义。

(2)产品期数：定义春播春种专题报告期数，默认展示当前产品的期数，数值可修改。

(3)发布单位：默认展示当前登录用户的归属部门，用于展示产品的制作单位，可修改。

(4)制作人/签发人：下拉列表(单选)，定义春播春种专题报告的制作人和签发人信息。

(5)数据源：默认展示站点数据。

(6)站点：默认加载国家站站点信息。

(7)时间范围：默认展示未来 7 d 的时间。

(8)历史年份：默认展示 1981—2010 年共 30 a。

在产品信息中配置好各字段数据后，点击按钮 下一步 ，可进入春播春种展示页面。

➢ 春播春种进程

在春播春种页面中，录入基本信息，点击按钮 下一步 ，可进入上周天气描述页面。

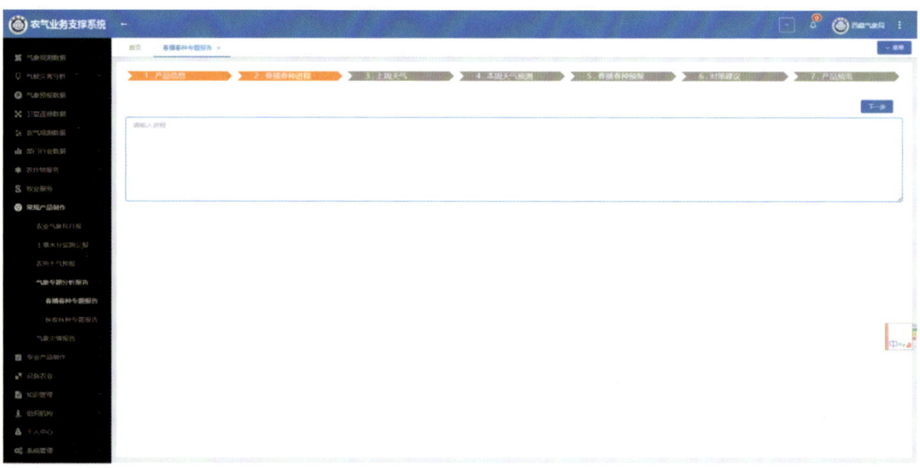

➢ 上周天气

根据在产品信息中选择的站点及时间范围计算出上一周的温度、降水和日照的分布图，并在左侧文本框中录入文字描述内容；点击按钮 下一步 ，可进入本周天气描述页面。

➢ 本周天气预测

根据所选择的站点、时间范围自动加载出预报数据，也可人工录入预报数据信息，点击按钮 下一步 ，可进入春播春种预报页面。

➢ 春播春种预报

根据所选择的站点及时间范围，在页面右侧展示春播春种的适宜度分布图，左侧可录入春播春种文字描述内容，点击按钮 下一步 ，可进入对策建议页面。

➢ 对策建议

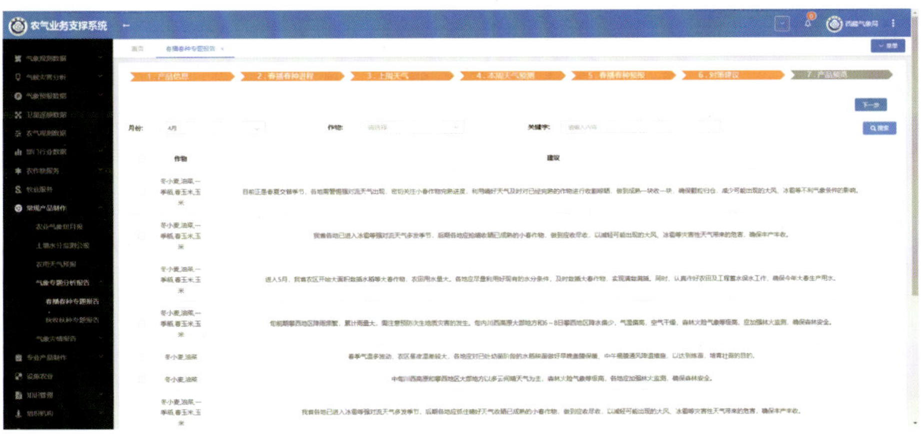

在对策建议中加载出对策建议详细内容，可通过年份、作物、关键字进行搜索，勾选建议信息，点击按钮 下一步 ，可进入产品预览页面。

➢ 产品预览

在产品预览页面中，将产品信息、春播春种进程、上周天气、本周天气预测、春播春种预报、对策建议的数据通过 pageoffice 控件进行预览展示，可在预览页面进行内容调整，调整后需在控件中保存，再在预览的产品信息点击按钮 提交 ，即可完成春播春种专题报告产品的制作，生成春播春种专题报告产品。制作秋收秋种专题报告与春播春种专题报告一样。

3.5.5 春旱专题报告

春旱专题报告：可制作春旱专题报告内容，主要分为产品信息、灾情信息、本周天气预测、农事建议及产品预览 5 个步骤。

操作菜单：常规产品制作—气象灾情报告—春旱专题报告。

点击菜单可进入春旱专题报告产品制作页面。

➢ 产品信息

各字段说明：

(1)标题：定义春旱专题报告的产品标题信息，可自定义。

(2)产品期数：定义春旱专题报告产品期数，默认展示当前产品的期数，数值可修改。

(3)发布单位：默认展示当前登录用户的归属部门，用于展示产品的制作单位，可修改。

(4)制作人/签发人：下拉列表(单选)，定义春旱专题报告的制作人和签发人信息。

(5)数据源：默认展示站点数据。

(6)站点：默认加载国家站站点信息。

(7)时间范围：默认展示未来 7 d 的时间。

(8)历史年份：默认展示 1981—2010 年共 30 a。

在产品信息中录入各字段内容后，点击按钮 下一步 ，可进入灾情信息页面。

➢ 灾情信息

在灾情信息页面中右侧生成前一个月的降水分布图，左侧文本框中录入文字描述，点击 下一步 ，可进入本周天气预测页面。

➢ 本周天气预测

根据所选择的站点、时间范围自动加载出预报数据，也可人工录入预报数据信息，点击按钮 下一步 ，可进入农事建议页面。

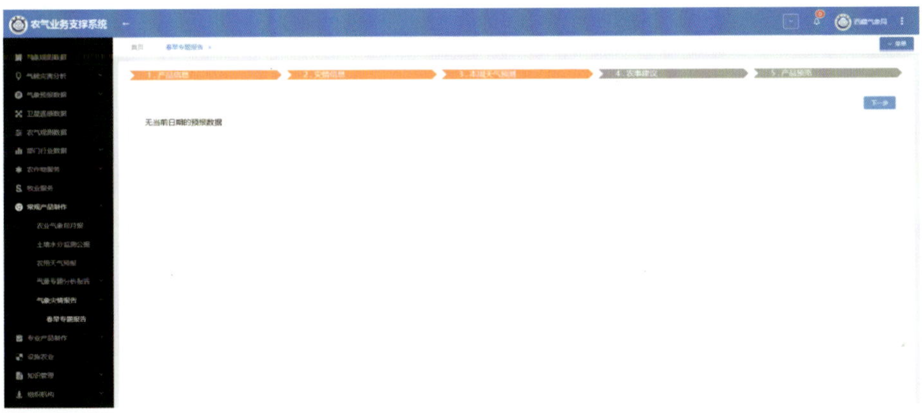

➢ 农事建议

在农事建议中加载出建议详细内容，可通过年份、作物、关键字进行搜索，勾选建议信息，点击按钮 下一步 ，可进入产品预览页面。

➢ 产品预览

在产品预览页面中，将产品信息、灾情信息、本周天气预测、农事建议的数据通过 page-office控件进行预览展示，可在预览页面进行内容调整，调整后需在控件中保存，再在预览的产品信息点击按钮 提交 ，即可完成春旱专题报告产品的制作，生成春旱专题报告产品。

3.6 专业产品制作

专业产品制作：对不同作物进行气象数据分析，实现对不同作物生长适宜度评价及预报、关键生育期预报、农事活动农用天气预报、农业气象灾害监测及预报、病虫害监测及预报，以及相应产品的制作。

每个作物的操作均类似，以下以青稞为例进行描述。

3.6.1 生长适宜度评价

生长适宜度评价：对不同作物根据在生长适宜度指标中配置的适宜度的生长指标进行适宜度的评价监测。

操作菜单：专业产品制作—青稞—生长适宜度评价。

点击生长适宜度评价菜单，则可进入评价计算查询页面。

➢ 计算

（1）实况数据：数据源选择，可选项有站点数据、网格数据。选择站点数据，则计算时用站点数据与配置气象指标进行匹配计算，从而得到适宜度等级等信息；选择网格数据，则计算时用网格数据进行计算，结果以图的形式呈现。

（2）站点：可多选，站点默认展示当前登录账号归属区域的国家站站点信息，其下拉列表展示国家站信息。

（3）查询方式：可选项有连续查询和逐年查询（单选）。连续查询，根据所选择的时间范围按天返回结果；逐年查询，根据所选时间返回对应的年结果。

（4）时间：时间控件，默认展示前 5 d 的时间范围，所选择的时间范围需在各生育期时间范围内，且计算的时间范围不宜过长。

查询条件设置完成后，点击按钮 计算 ，页面根据设置查询条件计算青稞作物的温度、光照、降水、综合的生长适宜度指数及适宜情况。

点击结果列表右上角的按钮 导出 ,即将列表数据以表格形式保存到本地。

➢ 分布图

在列表中,点击按钮 分布图 ,则可展示作物温度适宜度、降水适宜度、光照适宜度及综合适宜度的分布图。

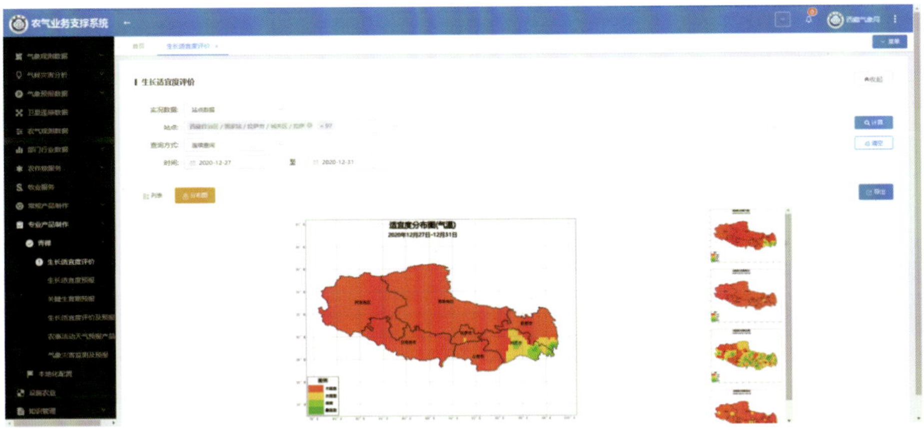

点击分布图中右上角的按钮 导出 ,即可下载分布图到本地。

3.6.2 生长适宜度预报

生长适宜度预报:根据作物在生长适宜度指标中配置的适宜度的生长指标,以预报数据为数据源对作物的生长适宜度进行预报。

操作菜单:专业产品服务—青稞—生长适宜度预报。

点击菜单生长适宜度预报即可进入预报页面,可在页面对未来几天的生长适宜度进行计算,通过对平均气温、降水 2 个维度进行预报分析,从而得到综合适宜度结果,最后预报结果以分布图形式展示。

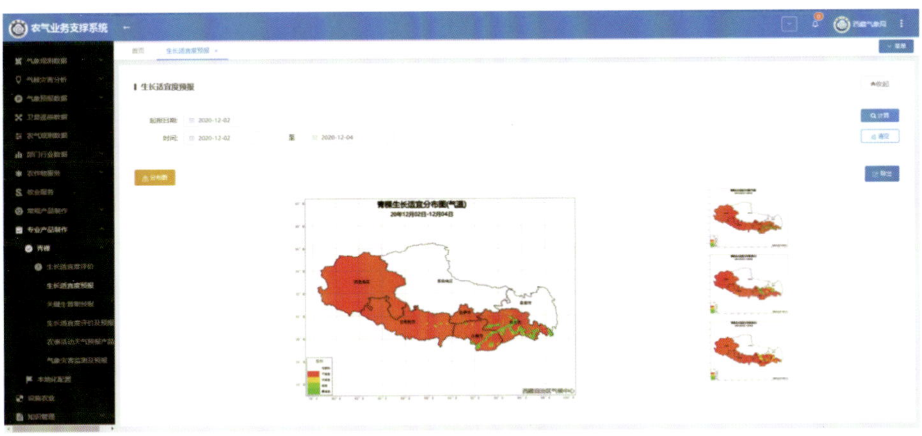

➢ 计算

(1)起报时间:定义生长适宜度计算的预报起始时间。

(2)时间范围:定义生长适宜度的预报时间范围。

3.6.3 关键生育期预报

关键生育期预报：通过作物各生育期所需积温，计算出当前时间距下一个生育期所需要的积温及所需天气，从而实现对关键生育期的预报监测。

操作菜单：专业产品制作—青稞—关键生育期预报。

点击关键生育期预报菜单，即可进入关键生育期预报页面，在查询条件中选择预报生育期、站点、上期生育期时间、当前时间，点击按钮 计算 ，即可返回关键生育期预报信息。

点击结果列表右上角的按钮 导出 ，即将列表数据以表格形式保存到本地。

➢ 计算

(1)预报生育期：默认展示作物的各生育期名称，根据选择的生育期进行预报。

(2)站点：展示国家站，默认勾选全部国家站。

(3)上期生育期时间：定义上期生育期的时间，根据此时间计算积温信息。

(4)当前时间：默认展示当前时间，根据此时间计算积温及所需天数。

➢ 分布图

在结果列表中，点击按钮 分布图 ，则可展示作物关键生育期预报的分布图。

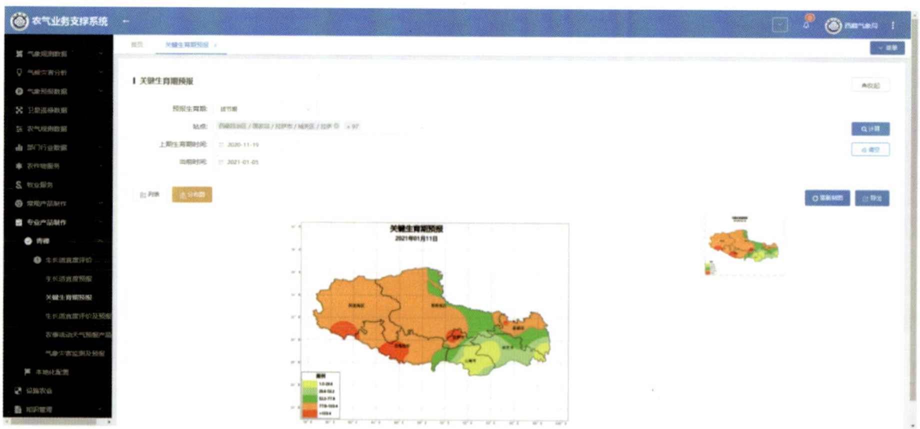

点击分布图中右上角的按钮 导出 ，即可下载分布图到本地。

3.6.4 农事活动天气预报

农事活动预报：根据预报的气象数据实现对施肥、喷药、灌溉、收获等农事活动的适宜度进行预报，从而生成分布图。

操作菜单：专业产品制作—青稞—农事活动天气预报。

点击农事活动天气预报进入预报计算页面，在查询条件中设置活动类型、起报时间和预报时间，点击按钮 计算 ，则可根据预报数据生成对应的农事活动适宜度的预报分布图。

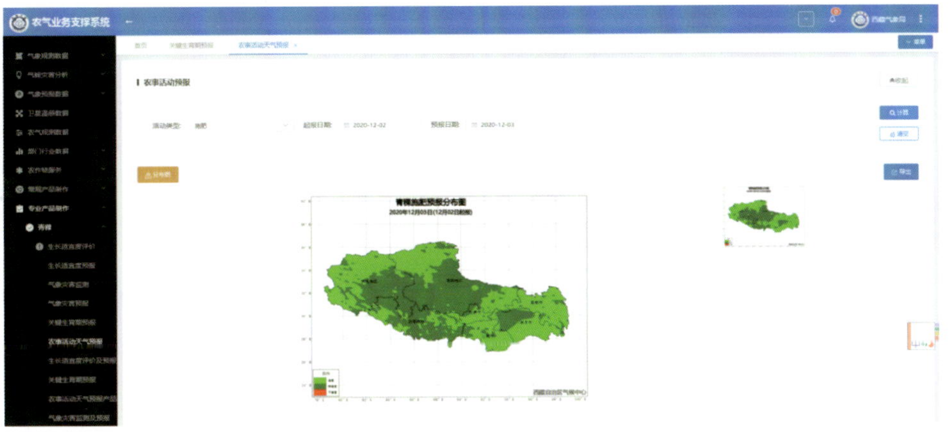

点击按钮 导出 ，即可将生成的分布图导出到本地。

3.6.5 生长适宜度评价及预报

生长适宜度评价及预报产品制作主要是把生长适宜度监测和预报内容以专业服务产品的形式输出。根据作物的生长适宜度监测和预报信息给作物提供对应的对策建议措施。

操作菜单：专业产品制作—青稞—生长适宜度评价及预报。

点击产品制作生长适宜度评价及预报菜单，即可进入专业服务生长适宜度的产品制作页面，在适宜度的产品制作页面分为 5 步：产品信息、适宜度评价、适宜度预报、对策建议、产品预览。

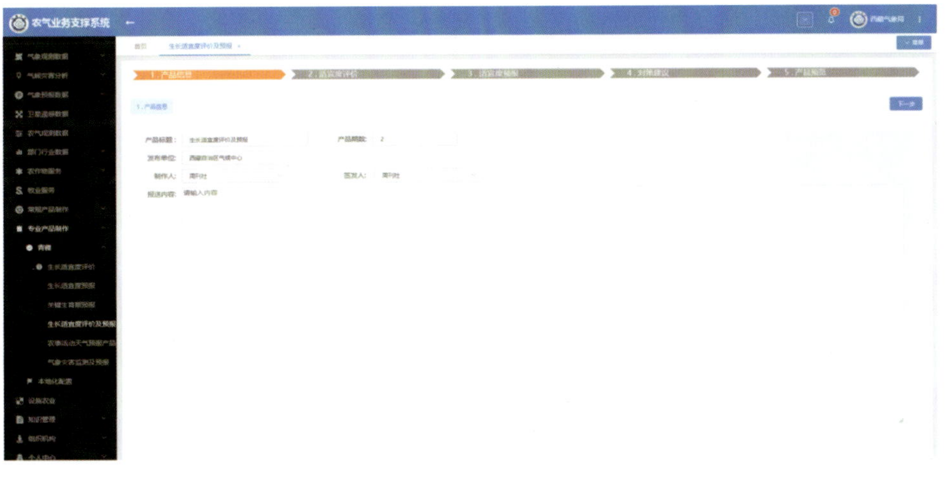

➢ 产品信息

（1）产品标题：默认展示生长适宜度评价及预报，可自定义标题名称。

（2）产品期数：显示当前生长适宜度评价及预报产品制作的期数，数值可修改。

（3）发布单位：定义生长适宜度评价及预报产品发布的单位，可修改，默认展示当前登录用户归属部门。

（4）制作人/签发人：下拉列表（单选），定义生长适宜度评价及预报产品的制作人和签发人信息。

（5）报送信息：可不填，主要用于记录报送的单位等信息。

产品信息录入完成后，点击按钮 下一步 ，则可进入适宜度评价页面。

➢ 适宜度评价

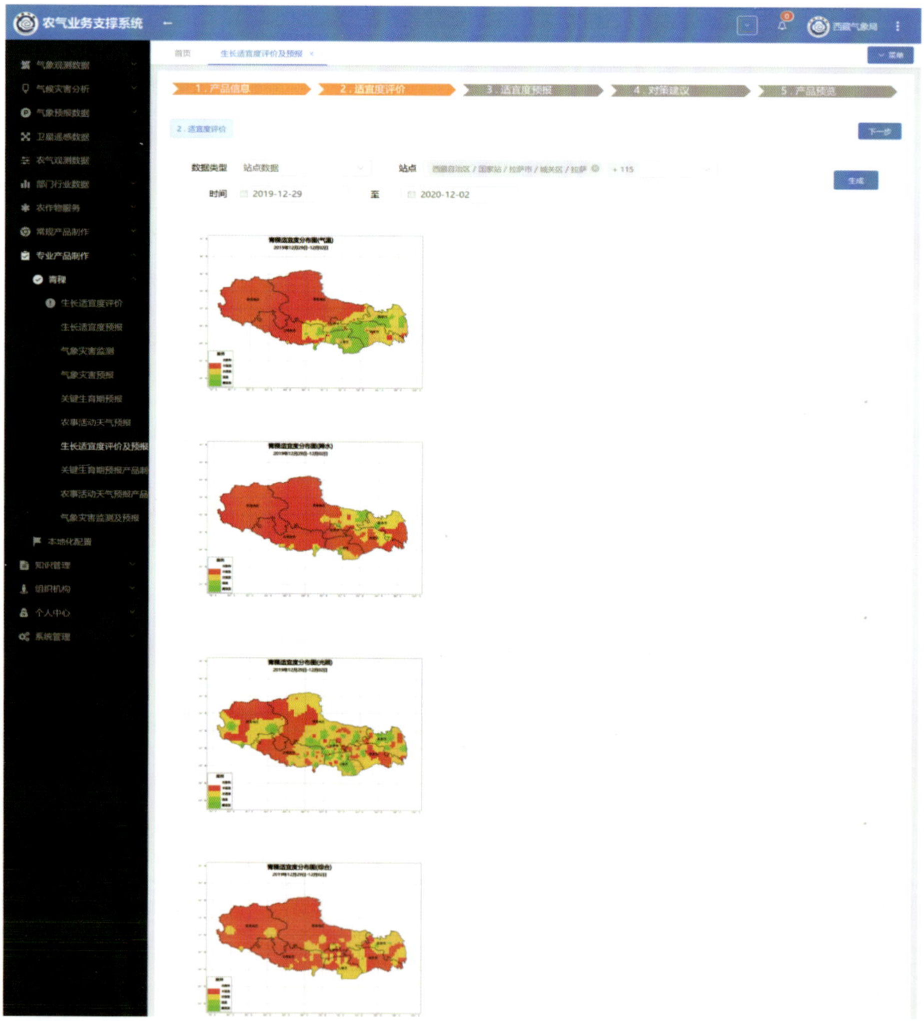

（1）实况数据：数据源选择，可选项有站点数据、网格数据。选择站点数据，则计算时用站点数据与配置气象指标进行匹配计算，从而得到适宜度等级等信息；选择网格数据，则计算时用网格数据进行计算，从而得到适宜度等级等信息。

(2)站点选择:可多选,站点默认展示当前登录账号归属区域的国家站站点信息,其下拉列表展示国家站信息。

(3)日期:时间控件,默认展示前 5 d 的时间范围,所选择的时间范围需在各生育期时间范围内,且计算的时间范围不宜过长。

计算条件设置后,点击按钮 生成 ,则可计算出作物的适宜度监测内容,并以分布图的形式展示光照、温度、降水及综合的适宜度。在温度、降水、光照、综合对应的文本框中录入文字描述内容,点击按钮 下一步 ,则可进入适宜度预报页面。

➢ 适宜度预报

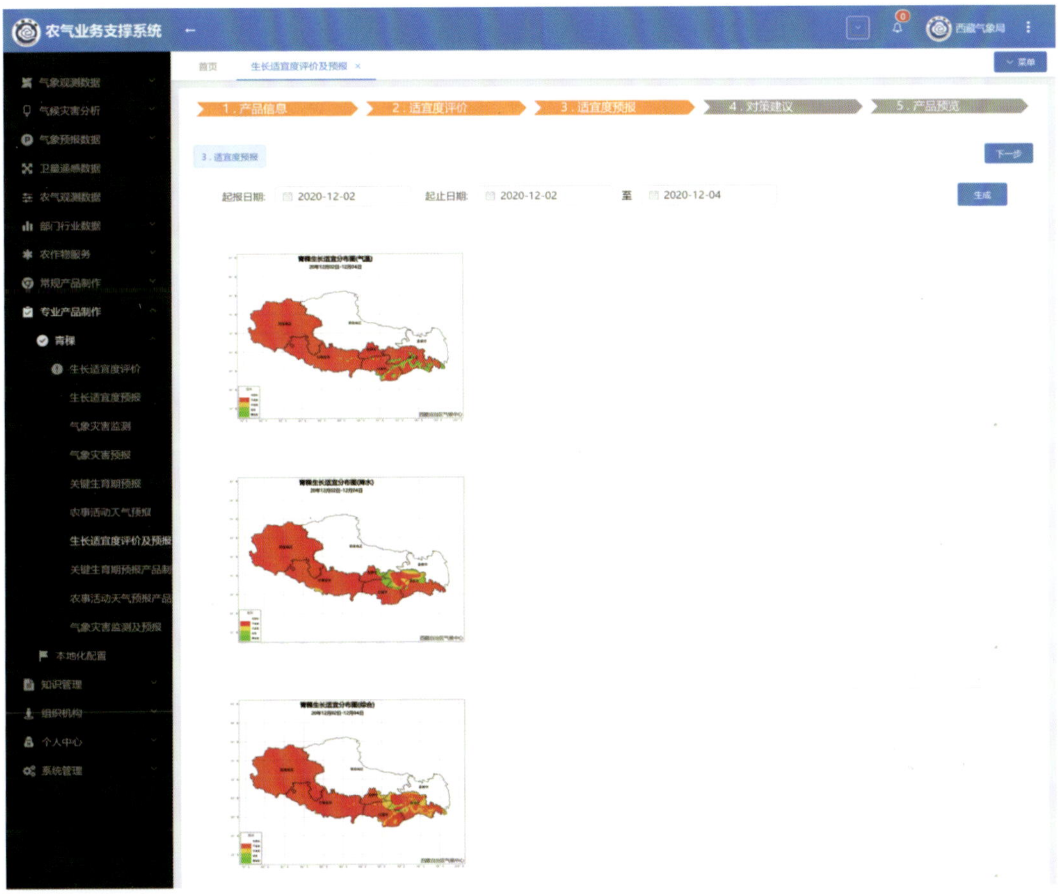

(1)起报日期:默认展示当前时间,可自定义。

(2)起止日期:默认展示未来 3 d 的时间范围,预报所选择的时间范围的作物生长适宜度的情况,且时间需在各生育期范围内,计算的时间范围不宜过长。

在查询条件中设置后,点击 生成 ,即可得到作物温度、降水、综合的分布图,在对应的文本框中录入文字描述,点击按钮 下一步 ,则可进入对策建议页面。

➢ 对策建议

在对策建议中加载出当前作物的对策建议列表内容,可通过年份、关键字进行搜索,勾选建议信息,点击按钮 下一步 ,可进入产品预览页面。

➢ 产品预览

在产品预览页面中，将产品信息、适宜度评价、适宜度预报、对策建议的数据通过 page-office控件进行预览展示，可在预览页面进行内容调整，调整后需在控件中保存，再在预览的产品信息点击按钮 提交 ，即可完成生长适宜度评价及预报产品的制作，生成生长适宜度评价及预报产品。

3.6.6 关键生育期预报

关键生育期预报产品制作主要是把关键生育期预报内容以专业服务产品的形式输出，而制作关键生育期预报产品有 3 步，分别是：产品信息、生育期预报、产品预览。

操作菜单：专业产品制作—青稞—关键生育期预报产品制作。

点击关键生育期预报产品制作菜单，即可进入关键生育期产品制作页面。

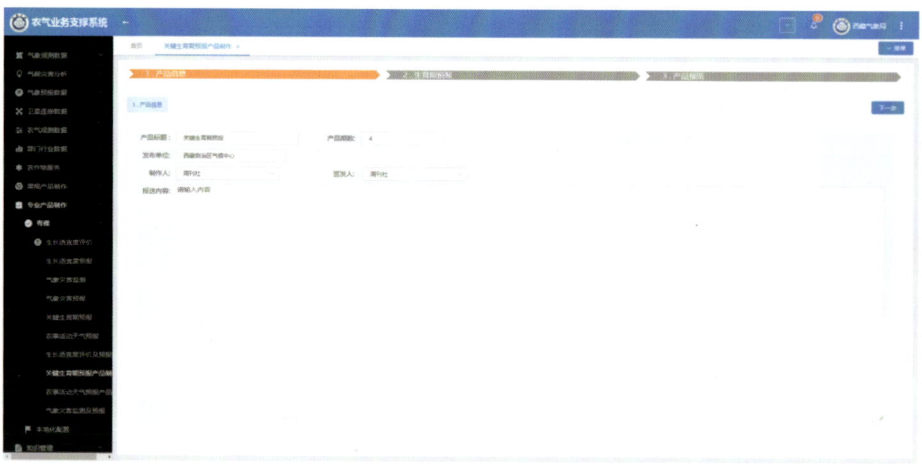

➢ 产品信息

(1)产品标题：默认展示关键生育期预报，可自定义标题名称。

(2)产品期数：显示当前关键生育期预报的期数，数值可修改。

(3)发布单位：定义关键生育期预报产品发布的单位，可修改，默认展示当前登录用户归属部门。

(4)制作人/签发人:下拉列表(单选),定义关键生育期预报产品的制作人和签发人信息。

(5)报送信息:可不填,主要用于记录报送的单位等信息。

在产品信息页面中录入各字段内容,点击按钮 下一步 ,则可进入生育期预报页面。

➢ 生育期预报

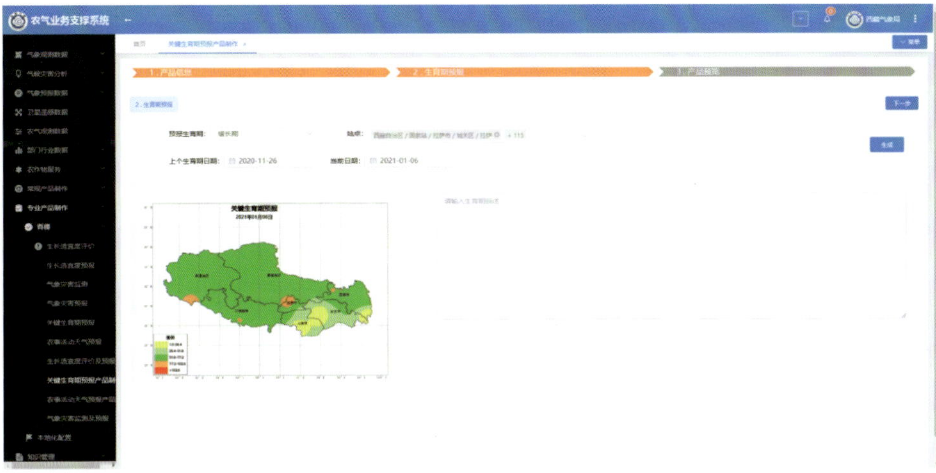

(1)预报生育期:默认展示作物的各生育期名称,根据选择的生育期进行预报。

(2)站点:展示国家站,默认勾选全部国家站。

(3)上期生育期时间:定义上期生育期的时间,根据此时间计算积温信息。

(4)当前时间:默认展示当前时间,根据此时间计算积温。

在页面左侧生成关键生育期的分布图,右侧可录入文字描述内容,点击按钮 下一步 ,则可进入产品预览页面。

➢ 产品预览

在产品预览页面中,将产品信息、生育期预测中录入的数据通过 pageoffice 控件进行预览展示,可在预览页面进行内容调整,调整后需在控件中保存,再在预览的产品信息点击按钮 提交 ,即可完成关键生育期预报产品的制作,生成关键生育期预报产品。

3.6.7 农事活动天气预报产品制作

农事活动天气预报产品制作:将农事活动天气预报内容以专业产品的形式输出,而制作农事活动天气预报产品分为 4 步,分别是:产品信息、农事活动、对策建议及产品预览。

操作菜单:专业产品制作—青稞—农事活动天气预报产品制作。

点击农事活动天气预报产品制作菜单,即可进入产品制作页面。

➢ 产品信息

(1)产品标题:默认展示农事活动预报,可自定义标题名称。

(2)产品期数:显示当前农事活动天气预报的期数,数值可修改。

(3)发布单位:定义农事活动天气预报产品发布的单位,可修改,默认展示当前登录用户归属部门。

(4)制作人/签发人:下拉列表(单选),定义农事活动天气预报产品的制作人和签发人

信息。

（5）报送信息：可不填，主要用于记录报送的单位等信息。

在产品信息中录入各字段内容后，点击按钮 下一步 ，则可进入农事活动页面。

➢ 农事活动

（1）活动类型：可选项有施肥、喷药、灌溉、收获，根据选择的活动类型返回对应农事活动的适宜分布图。

（2）起报时间：默认当前时间，即农事活动预报发布时间。

（3）预报日期：默认当前时间，即农事活动预报时间。

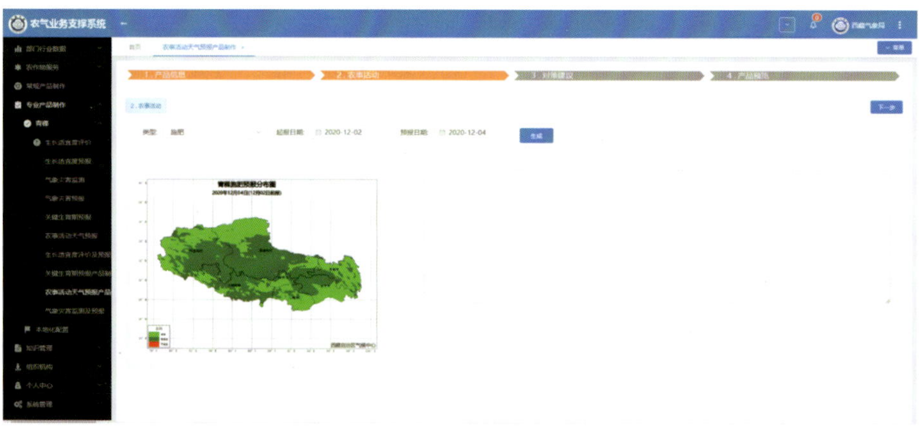

在农事活动页面中选择计算条件，点击按钮 生成 ，即可在左侧生成农事活动适宜度的分布图；用户录入文字描述内容，点击按钮 下一步 ，则可进入对策建议页面。

➢ 对策建议

在对策建议中加载出对应作物建议详细内容，可通过年份、关键字进行搜索，勾选建议信息，点击按钮 下一步 ，可进入产品预览页面。

➢ 产品预览

在产品预览页面中，将产品信息、农事活动、对策建议中的数据通过 pageoffice 控件进行预览展示，可在预览页面进行内容调整，调整后需在控件中保存，再在预览的产品信息点击按

钮 提交 ，即可完成农事活动天气预报产品的制作，生成农事活动天气预报产品。

3.6.8　本地化配置

本地化配置对产品信息进行生育期时间、各生育期的生长适宜度指标、气象灾害、病虫害参数及种植区域进行基础配置，从而实现作物生长适宜度监测、气象灾害监测及病虫害的监测，不同区域配置的信息有一定差异，可分别进行配置。

操作菜单：专业产品制作—本地化配置。

点击菜单即可进入本地化配置页面，在下拉列表中选择作物，根据选择的不同作物加载对应的生育期配置、生长适宜度指标、气象灾害、病虫害参数及种植区域的信息，如麦类—青稞。

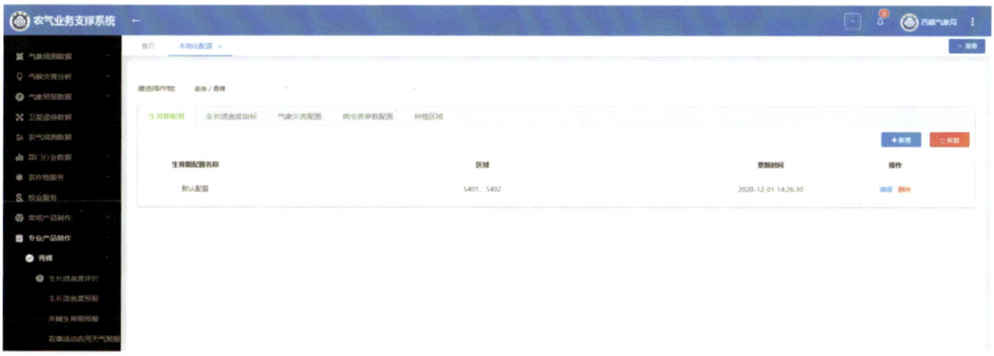

➢ 生育期配置

在本地化配置—生育期配置标签中，点击按钮 +新增 ，弹出作物对应生育期的配置弹框。

不同区域配置同一作物的生育期时间有差异，故可根据区域对作物分别配置生育期信息；在弹框中录入配置名称、选择区域，配置各生育期对应的时间范围，点击按钮 确定 ，则生育期配置完成；点击按钮 取消 可取消生育期配置。

➢ 生长适宜度指标配置

生长适宜度指标配置：配置各作物在各生育期的生长适宜度指标，并根据配置的适宜度指标对作物进行适宜度监测或者预报。

在本地化配置中点击生长适宜度指标标签，则加载出生长适宜度指标配置页面。

(1)生育期配置：下拉选择框，下拉选项展示生育期配置中创建的生育期配置名称。

(2)生育期：展示所选择作物的生育期下拉列表值。

(3)适宜温度/最低温度/最高温度:配置所选择作物对应生育期内最适宜生长的温度值/适宜生长的最低温度/适宜生长的最高温度。

(4)有效积温:配置所选择作物对应生育期内有效积温指标。

(5)降水量:配置所选择作物对应生育期内适宜生长的降水量的值。

(6)日照百分率:配置所选择作物对应生育期内适宜生长的日照百分率。

(7)综合指数:配置所选择作物对应生育期内综合指数,对温度、降水、日照的百分比进行配置,三个要素的百分比之和为100%。

(8)光照/温度/降水/综合:配置光照/温度/降水/综合中计算指数的等级分布图,配置的指数及色标可进行修改,等级不可修改,在生长适宜度评价及预报中可通过配置的内容生成对应的分布图。

生长指标配置完成后,点击按钮 保存 ,即可保存配置内容。

➢ 气象灾害配置

气象灾害配置:对作物发生的气象灾害指标进行配置,在气象灾害监测及预报中根据配置的内容进行监测及预报。

在本地化配置中点击气象灾害配置标签,则加载出气象灾害配置页面。

(1)新增灾害:在气象灾害配置页面中,点击按钮 +新增 ,弹出灾害选择弹框。

在下拉框中选择灾害类型,点击按钮 确定 ,若选择灾害类型已存在,则不能新增;若不存在则灾害新增成功,此时气象灾害配置页面新增一条灾害记录。

(2)在气象灾害配置页面中点击列表操作列中的按钮 新增 ,可弹出气象灾害详细配置弹框。

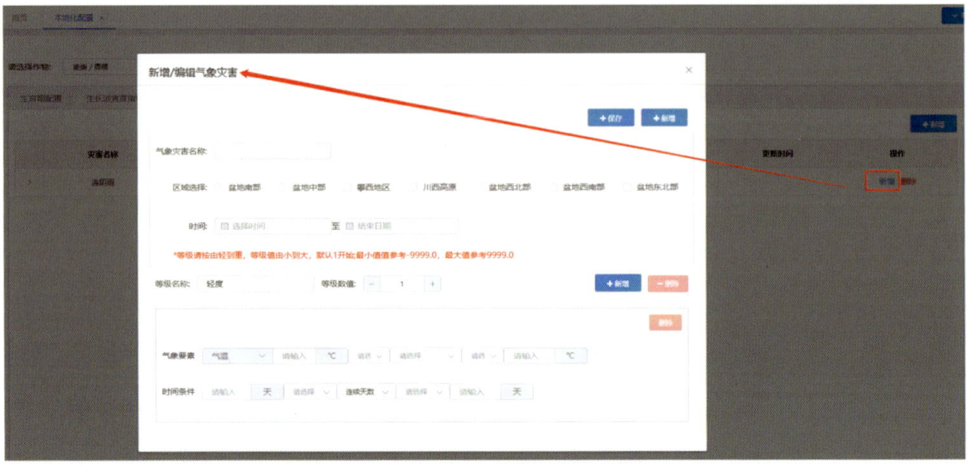

气象灾害配置中各字段说明：

①气象灾害名：定义灾害名称；

②区域选择：定义灾害发生区域，以此区别每个区域发生气象灾害发生的时间范围、满足的气象条件可能存在差异；

③时间：定义灾害发生日期范围，时间控件，点击控件中的年—月，可弹出月份的选择框，在月份的选择框中点击年，可弹出年的选择框；也可在控件中点击向左向右的双箭头《 》切换年，点击控件向左向右的单箭头〈 〉切换月份；

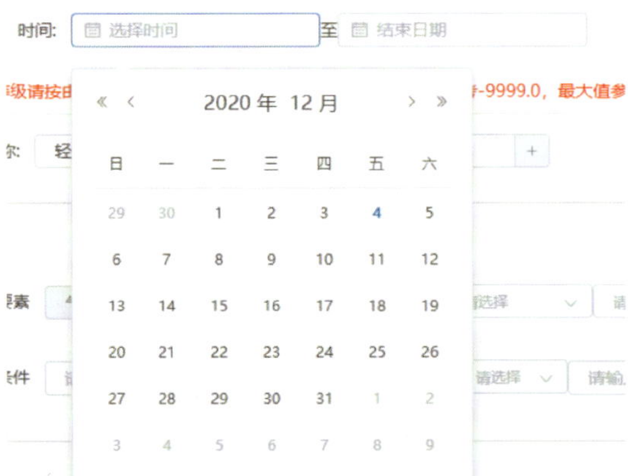

④等级名称/等级数值：定义灾害的等级的中文名称及对应的数值，如轻度灾害、中度灾害、重度灾害，对应数值等级 1、2、3；点击第一个按钮 +新增 ，可配置多个等级指标，页面则加载出等级名称、等级数值、气候要素及时间条件的配置域（注意：等级请按由轻到重，等级值由小到大，默认 1 开始；最小值参考－9999.0，最大值参考 9999.0 进行配置，否则配置的内容将无法识别）；

⑤气象要素：定义触发气象灾害的气象要素的条件范围，下拉选择项，可选项有气温、最低气温、最高气温、日照、降水量（08 时—翌日 08 时）、降水量（20 时—翌日 20 时）、风；

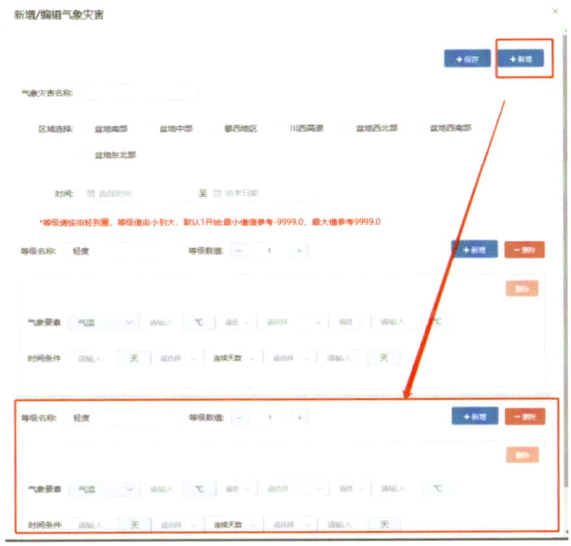

⑥时间条件：定义触发气象灾害的连续天数或者累计天数的范围；

⑦点击配置域中的按钮 +新增 ，可配置多个触发气象灾害的气象要素信息，而在计算气象灾害时满足其中一个气象条件即可触发灾害。点击按钮 删除 ，可删除气象要素的配置。

灾害信息配置完成后，点击按钮 +保存 ，即可成功保存灾害配置内容。

（3）删除：在列表中，点击操作列中的按钮 删除 ，则可成功删除气象灾害内容。

➤ 病虫害配置

病虫害配置：对作物发生的病虫害指标进行配置，在病虫害监测及预报中根据配置的内容进行监测及预报。

在本地化配置中点击病虫害标签，则加载出作物对应的病虫害配置页面。

在病虫害参数配置列表页面中，点击操作列中的按钮 配置 ，可加载出病虫害灾害配置的页面，可对病虫害灾害促病满足的气象条件及发生的指数等级进行配置。

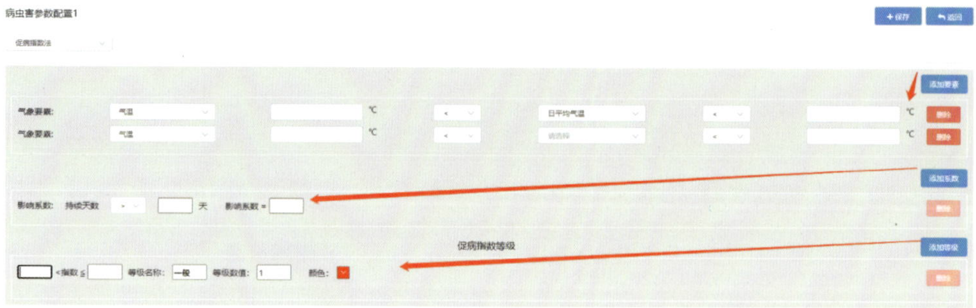

配置说明：

（1）添加要素，点击按钮 添加要素，则加载出气象要素的配置模块内容，点击多次按钮 添加要素，可添加多条气象要素的配置模块。

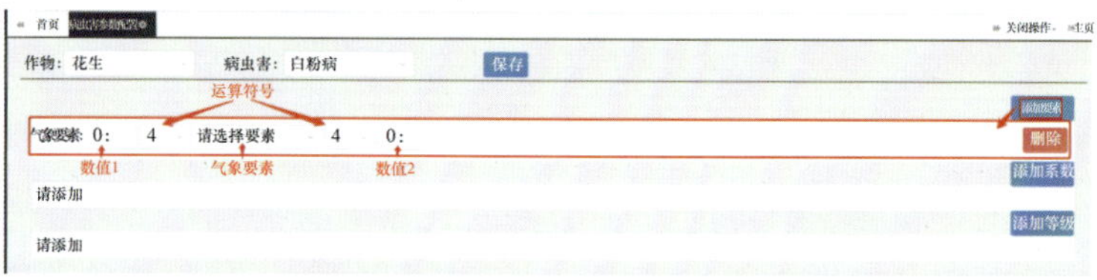

气象要素：配置触发病虫害的气象条件，数值 1 定义最小值，数值 2 定义最大值；运算符号下拉选项，可选择的有＜和≤；气象要素，定义触发病虫害要素，下拉选项可选择的有气温、日照、降水量（08 时—翌日 08 时）、降水量（20 时—翌日 20 时）、风。

（2）添加系数：点击按钮 添加系数，则加载出病虫害影响系数的配置模块内容，点击多次按钮 添加系数，可添加多条影响系数的配置模块。

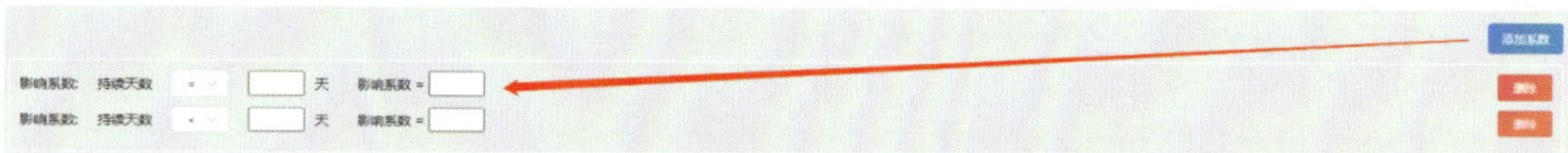

在持续天数中设置病虫害发生持续的天数的不等式，可选项有＝、＞、＜、≥、≤5 种运算符号；影响系数中设置病虫害发生对作物的影响系数，须填入数值内容。

（3）添加等级：点击按钮 添加等级，则加载出病虫害等级的配置模块内容，点击多次按钮 添加等级，可添加多条等级的配置模块。

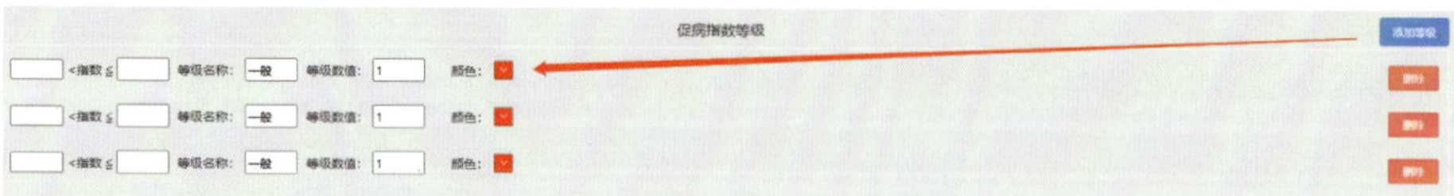

设置指数范围、等级的名称及对应的数值，设置等级对应的颜色，以实现分布图填色。

在病虫害促病指数设置页面中，完成对气象要素、影响系数、促病等级配置后，点击按钮 保存，则可成功保存病虫害的参数配置信息。

➢ 种植区域

在本地化配置页面中，点击种植区域，即可进入作物种植区域的配置页面。

点击左侧图标后，即可在地图中勾画区域；点击图标可对画好的进行修改；点击图标可清除所选中的区域；点击右侧保存按钮，即可保存设置的区域。

3.7 知识管理

3.7.1 农业气象区域资料

农业气象区域资料中记录各区域作物的种植区域划分图的信息，可对各区域作物种植区域划分图进行维护。

操作菜单：知识管理—农业气象知识库—农业气象基础资料。

点击菜单，进入农业气象区划资料页面。

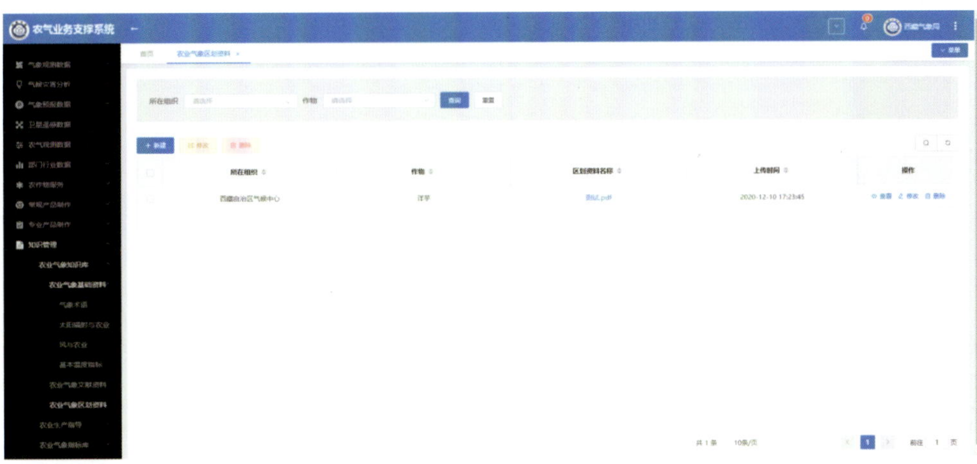

➢ 数据查询

在页面中点击列表右上角侧图标，即可加载出查询条件，在查询条件中选择所在组织或作物，点击按钮查询，列表即可根据所选择查询条件返回农业气象区域资料的数据；点击按钮重置，可清空查询条件中所选择的内容。

➢ 数据新增

在农业气象区划资料中，点击按钮 + 新建，在弹框中选择作物并上传区划图片，点击 确定，新增气象区划资料成功。

➢ 数据删除

在列表中点击操作列中的按钮 删除，可删除气象区划资料。

3.7.2　农业生产指导

农业生产指导包括内容有常规服务、专业服务、互动反馈 3 个内容，其中常规服务包含农事对策措施、墒情对策措施、虫害管理、虫害图谱、病害管理、病害图谱；专业服务包含作物管理和生育期管理；互动反馈中包含互动反馈内容。

3.7.2.1　农事对策措施

农事对策措施主要记录作物在不同月份对作物的对策措施进行维护。

操作菜单：知识管理—农业生产指导—常规服务—农事对策措施。

点击菜单，进入农事对策措施页面，页面展示所有的作物的对策措施内容。

➢ 农事对策措施查询

查询条件说明：

(1)适用时间：下拉选择，展示 1—12 月的月份选项。

(2)作物名称：下拉选择，展示所有的作物名称。

(3)关键字：在文本框中输入对策措施中的关键字内容，根据输入的关键字内容返回对策措施。

在查询条件中选择适用时间、作物名称、关键字，点击按钮 查询 ，可查询指定内容。

➢ 新增对策措施

在列表页面中点击 + 新建 按钮，可弹出新增农事对策措施的弹出框。

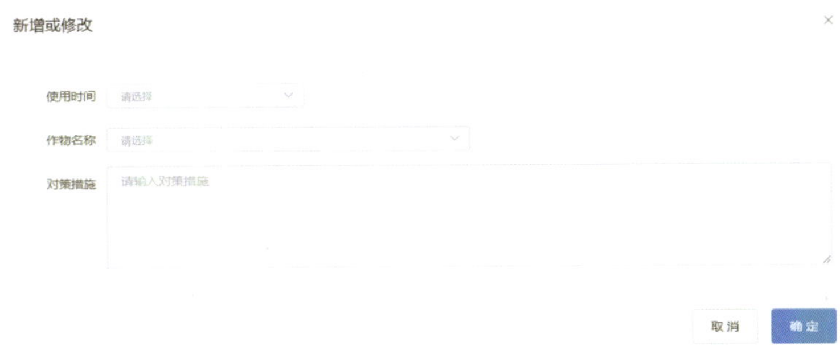

在弹框中录入使用时间、作物名称及对策措施内容，点击 确定 按钮，即可保存农事对策措施。

➢ 编辑对策措施

在列表中点击按钮 编辑 ，可弹出修改农事对策措施的弹框，在弹框中修改农事对策措施，点击 确定 按钮，农事对策修改成功。

➢ 删除对策措施

在列表中点击按钮 删除 ，可删除农事对策措施。

➢ 导出对策措施

在列表中点击按钮 导出 ，可将列表数据以表格的形式保存到本地。

3.7.2.2 墒情对策措施

墒情对策措施主要是每个月份墒情的对策措施。

操作菜单：知识管理—农业生产指导—常规服务—墒情对策措施。

点击菜单，进入墒情对策措施页面，页面展示所有的墒情土壤对策措施。

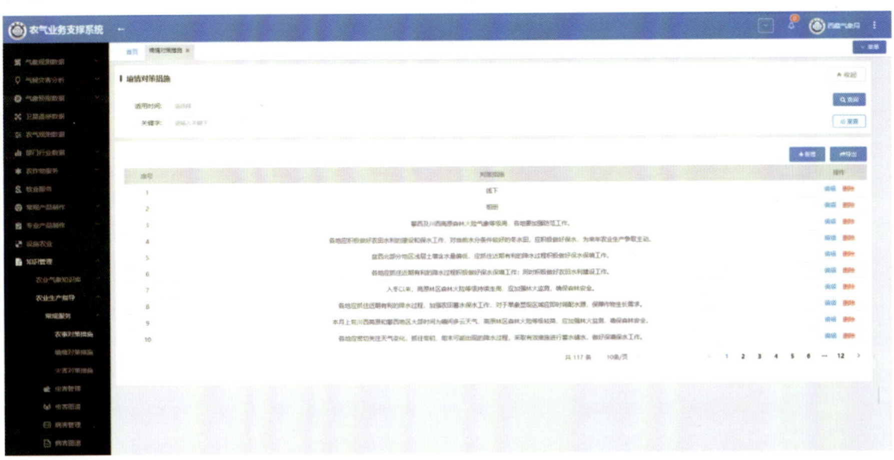

➢ 查询墒情对策措施

查询条件说明：

(1)使用时间：下拉选择，展示1—12月的月份选项。

(2)关键字：在文本框中输入对策措施中的关键字内容，根据输入的关键字内容返回墒情对策措施。

在查询条件中选择适用时间或者录入关键字，点击按钮 查询 ，可查询出指定内容。

➢ 新增墒情对策措施

点击 + 新建 按钮，可弹出新增墒情对策措施的弹出框。

在弹框中录入使用时间、对策措施内容，点击 确定 按钮，即可保存墒情对策措施。

➢ 编辑墒情对策措施

在列表中点击按钮 编辑 ，可弹出修改墒情对策措施的弹框，在弹框中修改墒情对策措施，点击 确定 按钮，墒情对策修改成功。

➢ 删除墒情措施

在列表中点击按钮 删除 ，可删除墒情对策措施。

➢ 导出对策措施

在列表中点击按钮 导出 ，可将列表数据以表格的形式保存到本地。

3.7.2.3 灾害对策措施

灾害对策措施主要记录各作物在不同生育期发生的气象灾害及对策措施。

操作菜单：知识管理—农业生产指导—常规服务—灾害对策措施。

点击菜单，进入灾害对策措施页面，页面展示所有的灾害对策措施内容。

➢ 查询灾害对策措施

查询条件说明：

(1)作物名称：下拉选择，展示系统中所有的作物名称。

(2)生育期：下拉选择，根据选择作物加载作物对应的生育期名称。

(3)主要灾害：下拉选择，展示灾害名称。

在查询条件中选择查询条件，点击按钮 查询 ，可根据选择的内容查询出指定内容。

➢ 新增墒情对策措施

在灾害对策措施列表页面中，点击 + 新建 按钮，可弹出新增灾害对策措施的弹框。

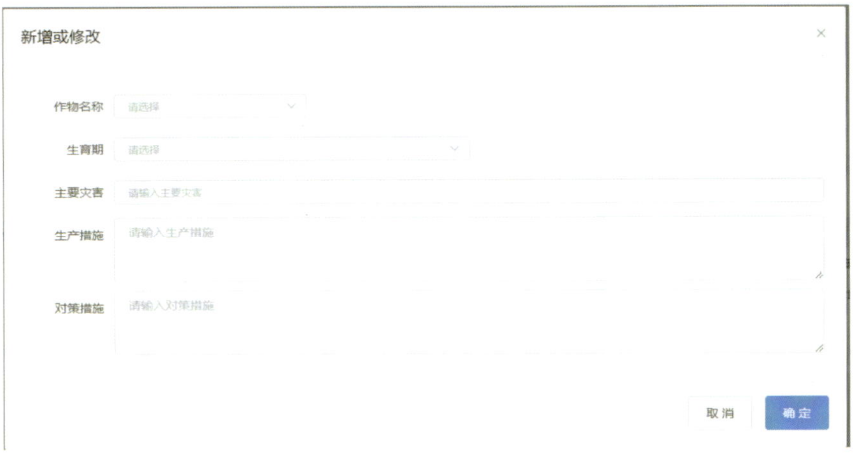

字段说明：

(1)作物名称：下拉选择，展示系统中所有的作物名称。

(2)生育期：下拉选择，根据选择作物加载作物对应的生育期名称，可不填。

(3)主要灾害：录入灾害的名称。

(4)生产措施：录入产生灾害所满足的气象条件，可不填。

(5)对策措施：录入发生灾害后的对策措施，或者预防措施。

在弹框中选择作物名称、生育期、录入主要灾害名称、生产措施、对策措施内容，点击 确定 按钮，即可保存灾害对策措施。

➢ 编辑灾害对策措施

在列表中点击按钮 编辑 ，可弹出修改灾害对策措施的弹框，在弹框中修改灾害对策措施，点击 确定 按钮，灾害对策修改成功。

➢ 删除灾害措施

在列表中点击按钮 删除 ，可删除灾害对策措施。

➢ 导出对策措施

在列表中点击按钮 导出 ，可将列表数据以表格的形式保存到本地。

3.7.2.4 作物管理

作物管理主要是对系统中的作物进行维护。

操作菜单：知识管理—农业生产指导—专业服务—作物管理。

点击菜单，进入作物管理页面，页面加载作物信息。

➢ 查询作物

在列表右上角点击图标，即可加载出查询条件，在查询条件中选择作物分类、录入作物名称，点击按钮 查询 ，可查询出指定内容。

➢ 作物新增

在作物管理列表页面中，点击 +新增 按钮，可弹出新增作物的弹框。

在弹框中录入内容，点击 确定 按钮，即可保存作物。

➢ 作物编辑

在列表中点击按钮 修改 ，可弹出修改作物信息的弹框，在弹框中修改作物信息，点击 确定 按钮，作物信息修改成功。

➢ 删除作物信息

在列表中点击按钮 删除 ，可删除作物信息。

➢ 导出作物信息

在列表右上角点击图标，可将列表数据以表格的形式保存到本地。

3.7.2.5 生育期管理

生育期管理可对作物进行各个生育期名称的配置。

操作菜单：知识管理—农业生产指导—专业服务—作物发育期管理。

点击菜单，进入作物生育期管理页面。

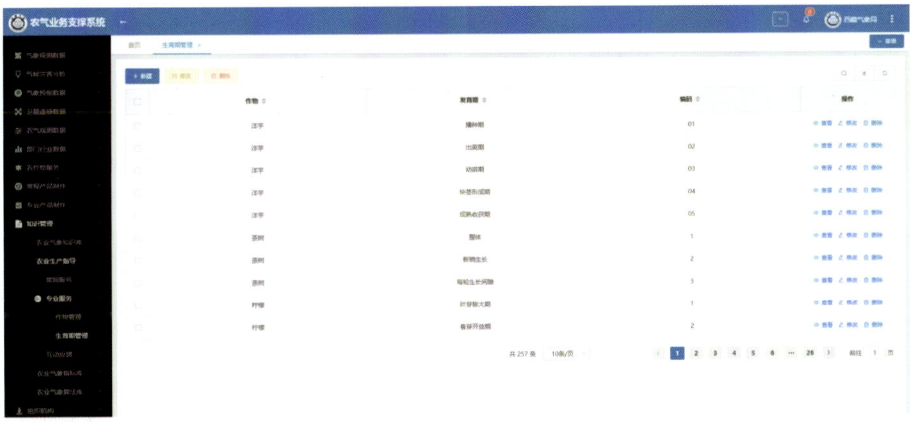

➢ 查询生育期

在列表右上角点击图标，即可加载出查询条件，在查询条件中选择作物名称，点击按钮 查询 ，根据所选择的作物返回作物的生育期信息。

➢ 新增生育期

在生育期管理列表页面中，在查询条件中选择作物后，点击 +新增 按钮，可弹出作物生育期新增的弹框。

在弹框中录入生育期名称、编码及生育期发生顺序，点击 确定 按钮，即可保存作物生育期信息。

➢ 编辑生育期

在列表中点击按钮 编辑 ，可弹出修改作物生育期信息的弹框，在弹框中修改作物生育期信息，点击 确定 按钮，作物生育期信息修改成功。

➢ 删除作物生育期信息

在列表中点击按钮 删除 ，可删除作物生育期信息。

➢ 导出作物生育期信息

在列表中点击按钮 导出 ，可将列表数据以表格的形式保存到本地。

第 4 章　农田小气候

西藏智慧农业气象服务系统建设之农业气象数据处理查询系统是集数据收集、处理、传输、应用于一体的综合软件平台，系统采用 B/S（浏览器/服务器）开发方式，采用 TCP（传输控制协议）技术实现小气候数据获取及传输，系统界面简洁、美观，满足观测数据采集统计应用等实时业务及产品生成等农田气象保障服务的需求。

4.1　农业气象数据处理查询系统功能模块说明

整个系统分为四大区域，分别为主菜单栏、子菜单栏、条件选择区、内容显示区。

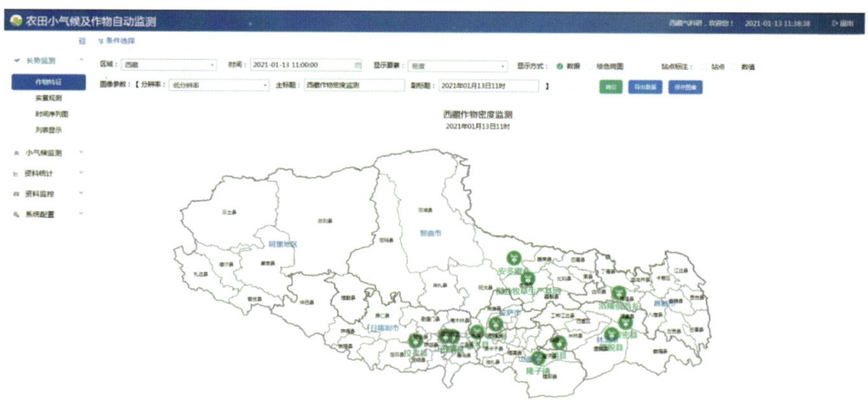

4.2　长势监测

长势监测模块，主要包含作物特征、实景观测、时间序列图、列表显示四个子功能菜单。

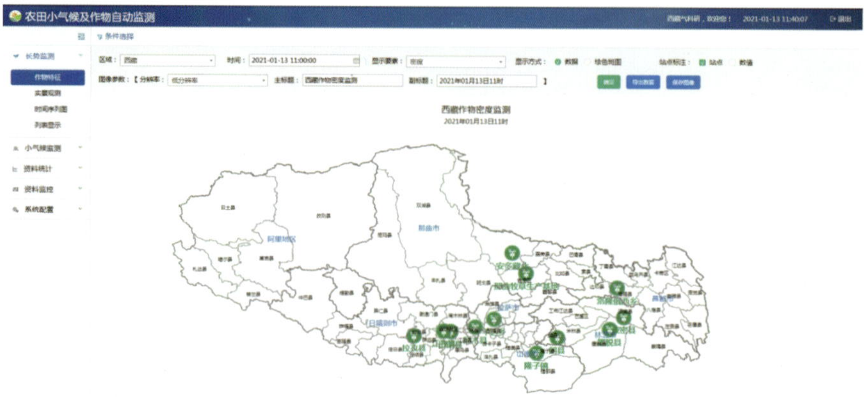

4.2.1 作物特征

作物特征菜单，主要是完成作物特征包括作物发育期、盖度、密度、冠层高度、生长状况、叶面积指数和干物质量等内容的监测。

用户可选择区域、时间、类型等条件查询作物特征信息，系统在内容显示区显示查询结果。

查询完毕，可通过导出数据、保存图像按钮，将查询结果导出。

4.2.2 实景观测

经过查询，可以缩略图的形式，同时显示指定时段多个站的实景观测图。

双击图片可放大图像，并展示图像观测时次所对应的作物特征数据，包括农作物、观测时间、发育期、发育期持续时间、密度、冠层高度、盖度等。

4.2.3 时间序列图

时间序列图，通过条件查询，可得出以时间为横轴，显示作物相关要素值随时间变化的曲线。

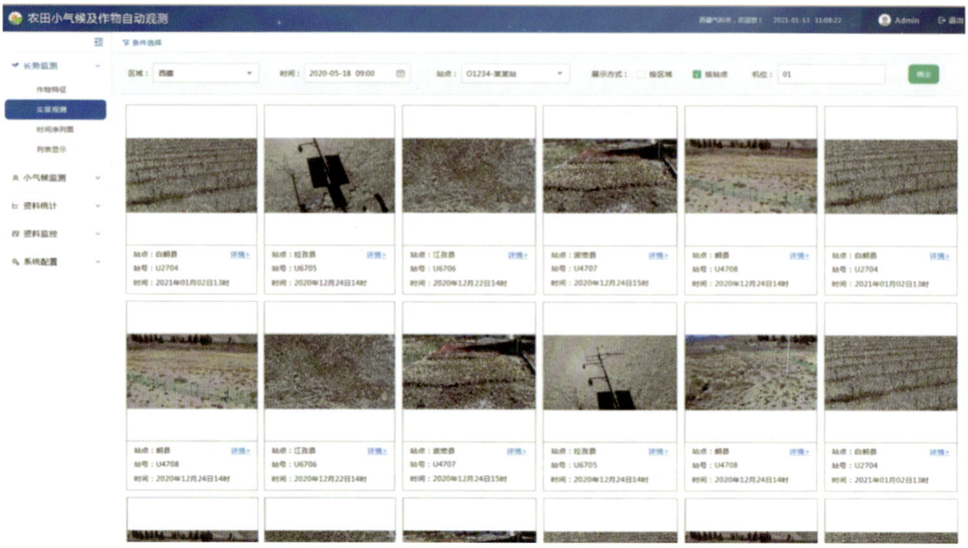

可以单站、多站两种方式切换站点，可更改查询时间、切换查询要素类型。

4.2.4 列表显示

以列表的方式统计展示作物长势情况。

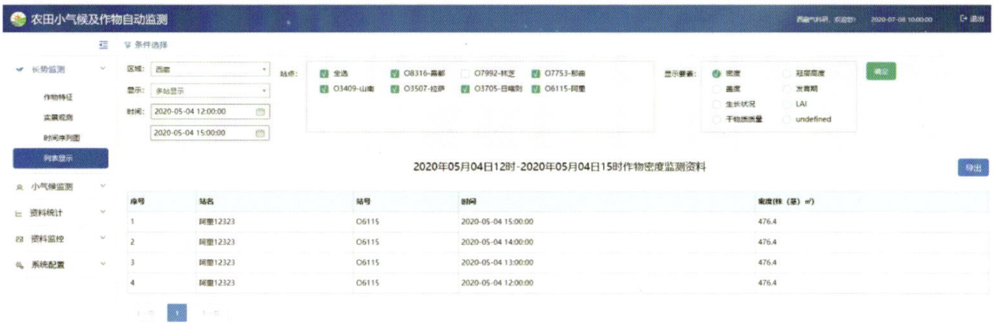

4.3 小气候监测

小气候监测菜单主要包含要素分布图、列表显示、时间序列图三个子功能菜单。

4.3.1 要素分布图

要素分布图，可根据指定时间、指定区域，在地图上显示小气候站名、站号以及要素数据。可将查询结果导出至本地。

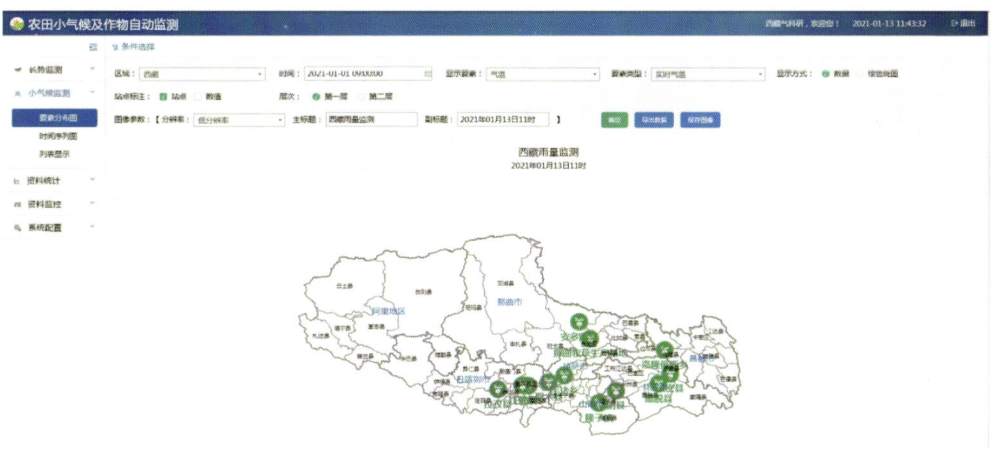

小气候资料种类有雨量、气温、气压、空气湿度、风速、辐射、红外冠层温度、地温等，其中气温、空气湿度、地温、土壤湿度可分为多个层次，用户可下拉选择，数据在时间上也有日、小时、分钟区分，用户均可自由选择。

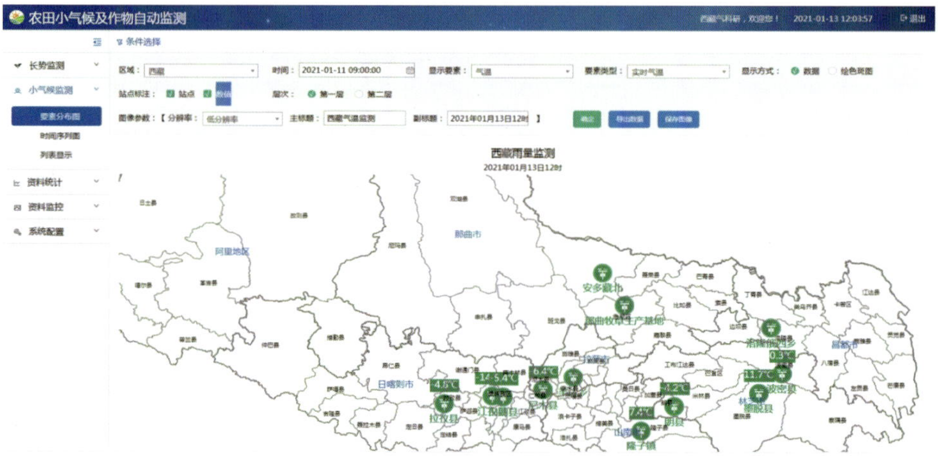

4.3.2　时间序列图

以时间序列图方式显示指定时段、指定台站各要素不同层次、不同观测时段的数据走势变化，并且支持数据的导出。

4.3.3 列表显示

列表显示，是将小气候站数据以列表方式统计展示，可查询同一时次、多个台站、不同要素的值，也可查看单个台站、多个要素、一段时间的值。

4.4 资料统计

资料统计菜单，主要包含了平均统计、累计统计、条件统计、极值统计、积温五个子菜单。

4.4.1 平均统计

平均统计是统计时段内某要素日平均值的算术平均值，并且以表格、分布图的方式进行统计结果展示。

4.4.2 累计统计

以时段内某要素日值的和作为该时段的累计值，进行数据累计统计，并以表格和分布图方式显示统计结果，也可将统计结果保存至本地。

4.4.3 条件统计

通过设置大于、小于、等于等条件，统计作物长势以及小气候站数据结果。

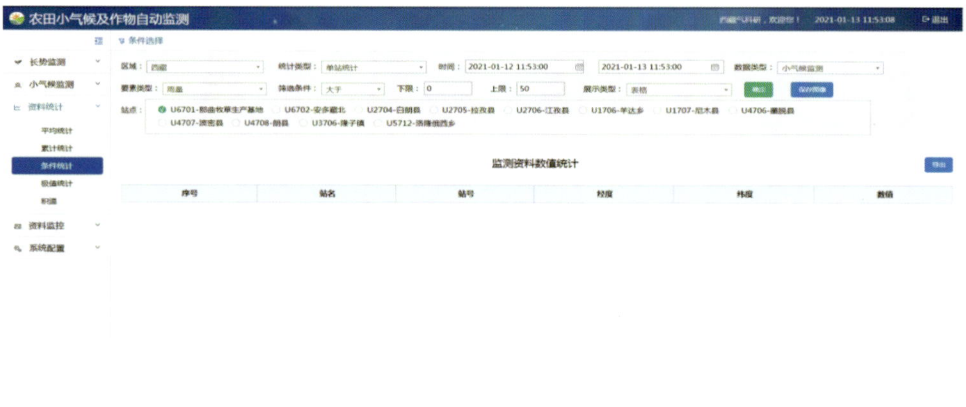

4.4.4 极值统计

以时段内某要素日值作为该时段的样本值，统计周、旬、月、年以及任意时段的极大、极小值。

4.4.5 积温

可指定时间段、区域统计有效积温、活动积温、正积温、负积温数据值。

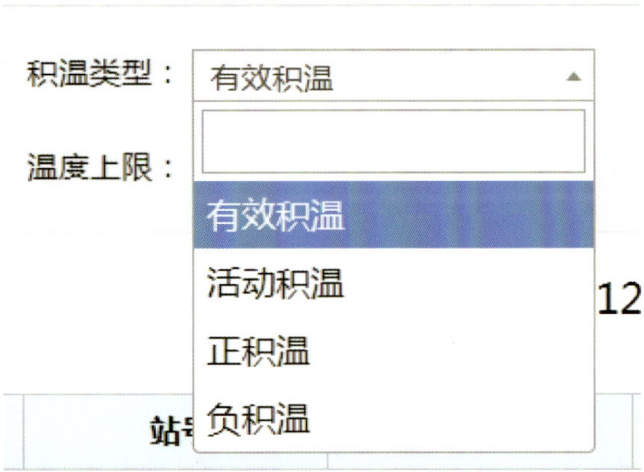

4.5 资料监控

资料监控菜单主要包括完整性监控、阈值监控、数据监控三个子菜单。

4.5.1 完整性监控

以地图、表格、图形等方式监测显示某一段时间内资料是否缺测、缺测率、应到数、未到数等信息。

4.5.2 阈值监控

以地图、表格、图形等方式显示选定资料是否可疑、有错。

4.5.3 数据监控

在系统中查询各类数据的最新数据信息，确保数据的时效性，当发现数据长时间未更新时，可及时进行沟通协调，保证数据的整体链条。

4.6 系统配置

4.6.1 站点配置

站点配置主要是配置小气候站基本信息，例如修改站名、站点位置、经纬度等信息。

4.6.2 分级显示

配置气温、气压、风速、空气湿度、不同时长的降水、作物特征量、二氧化碳、辐射值等分级及填色信息，系统按照这些配置生成相应的色斑图。

4.6.3 阈值设置

设置阈值筛选数据，便于以地图、表格、图形等方式显示选定材料是否可疑、有错。

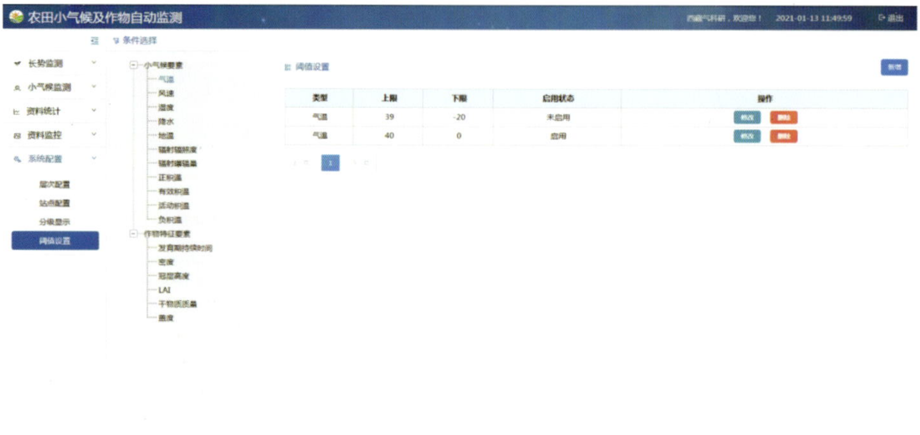
农田小气候及作物自动监测
2021-01-13 11:49:59
条件选择
长势监测
小气候监测
资料统计
资料监控
系统配置
站点配置
分级显示
阈值设置
小气候要素
气温
风速
湿度
降水
地温
辐射辐照度
辐射曝辐量
正积温
有效积温
活动积温
负积温
作物特征要素
发育期持续时间
密度
冠层高度
LAI
干物质质量
盖度
阈值设置
类型
上限
下限
启用状态
操作
气温
39
-20
未启用
气温
40
0
启用

第 5 章 生态气象监测评估系统

生态气象监测评估系统，主要是基于卫星气象数据解析数据以及地面自动站监测气象数据计算出生态指数，包含的指数有气象条件指数、湿润指数、植被覆盖指数、产草量估算、植被净初级生产力、生态质量指数等信息。

5.1 气象卫星数据监测

气象卫星数据监测主要对 Terra 和 FY-3D 卫星中的进入西藏上空时间范围及接收状态进行记录。

操作菜单：气象卫星数据监测。

点击菜单即可进入气象卫星数据监测列表页面。

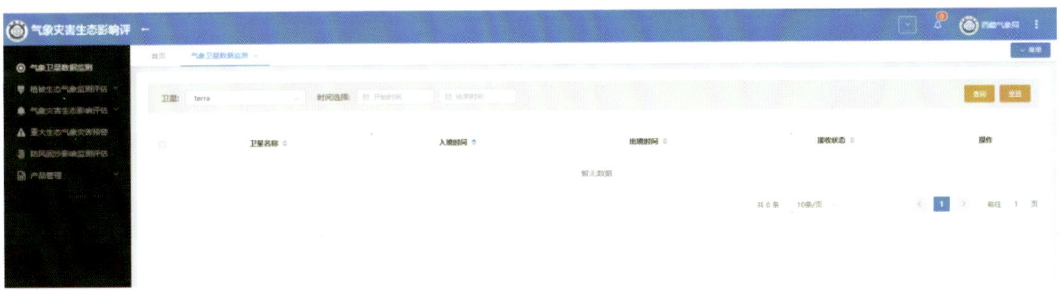

5.2 植被生态气象监测评估

植被生态气象监测评估主要包含内容有气象条件指数、湿润指数、植被覆盖指数、产草量估算、植被净初级生产力及生态质量指数等内容。

5.2.1 气象条件指数

气象条件监测主要是对热量条件、水分条件、日照条件指数进行分别结算，并用利比希最小因子定律获得气象条件指数，在植被生态气象监测评估页面中可对热量条件指数、水分条件指数、日照条件指数等气象条件指数的值进行计算查询，从而得出气象条件是有利或是不利。

操作菜单：植被生态气象监测评估—气象条件指数。

点击菜单即可进入气象条件指数列表展示页面。

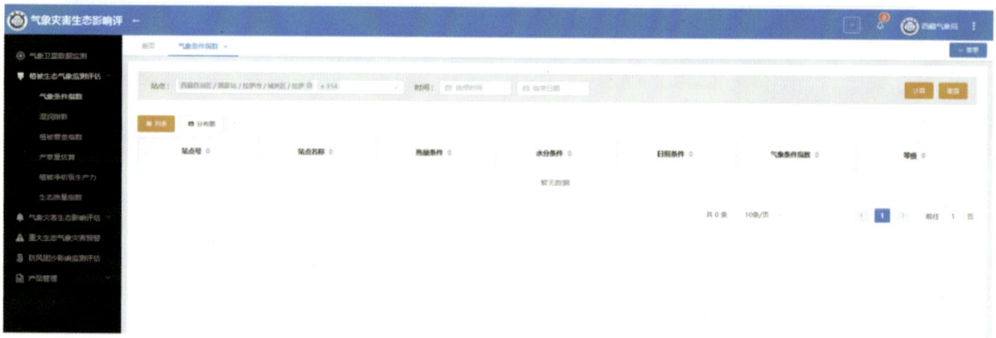

➢ 气象条件计算

（1）站点：默认展示当前登录账号归属区域的国家站站点信息，其下拉列表展示国家站、区域站信息。

（2）时间：选择计算的时间范围，则根据所选择时间范围计算出各气象指数。

气象条件设置完成后，点击按钮 计算 ，则可根据设置返回计算结果。

➢ 分布图展示

在气象条件指数列表页面中，点击按钮 分布图 ，切换到分布图展示页面，页面将气象指数进行分布图展示。

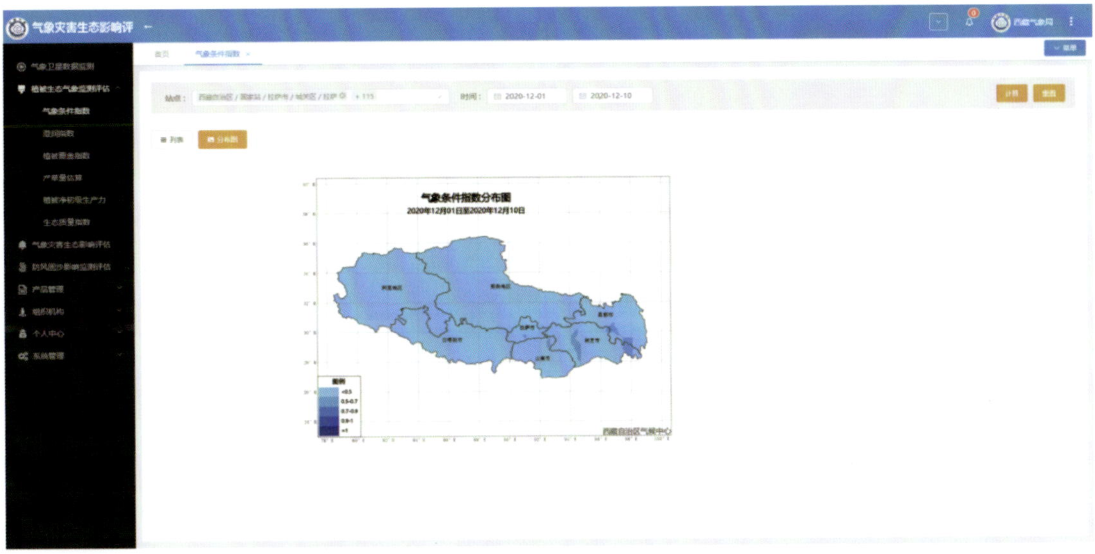

系统将气象条件指数的等级如下进行划分(表 5.1)。

表 5.1 气象条件指数等级划分

监测评价等级	草地植被生长气象条件指数(I_i)
有利	$I_i=1.0$
较有利	$0.9\leqslant I_i<1.0$
基本有利	$0.7\leqslant I_i<0.9$
较不利	$0.5\leqslant I_i<0.7$
不利	$I_i<0.5$

5.2.2 湿润指数

湿润指数以自动气象观测站获取的气象数据与基础计算时段的降水量和同时段潜在蒸散量的比值从而获得湿润指数情况。其中蒸散量采用 FAO Penman-Monteith 方法进行计算。

操作菜单:植被生态气象监测评估—湿润指数。

点击菜单即可进入湿润指数计算列表展示页面。

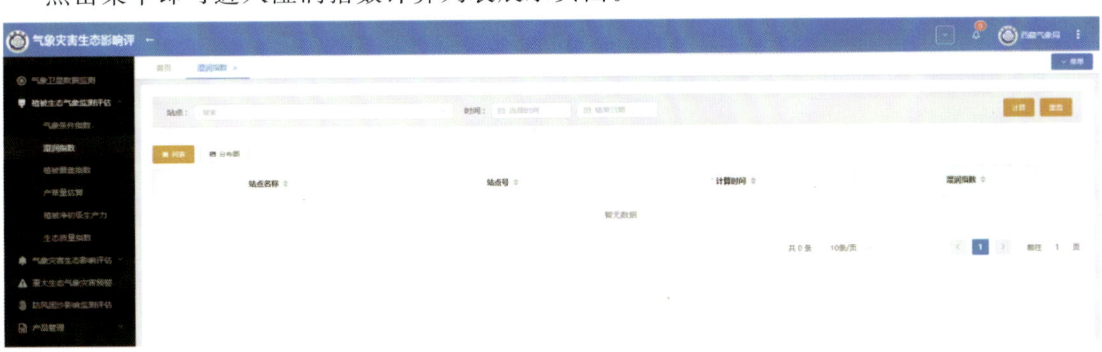

（1）站点：默认展示当前登录账号归属区域的国家站站点信息，其下拉列表展示国家站、区域站信息。

（2）时间：选择计算的时间范围，则根据所选择时间范围计算出各站点湿润指数。

气象条件设置完成后，点击按钮 计算 ，则可根据设置计算结果返回数据。

➢ 分布图展示

在湿润指数计算结果列表页面中，点击按钮 分布图 ，切换到分布图展示页面，页面将湿润指数按分布图展示。

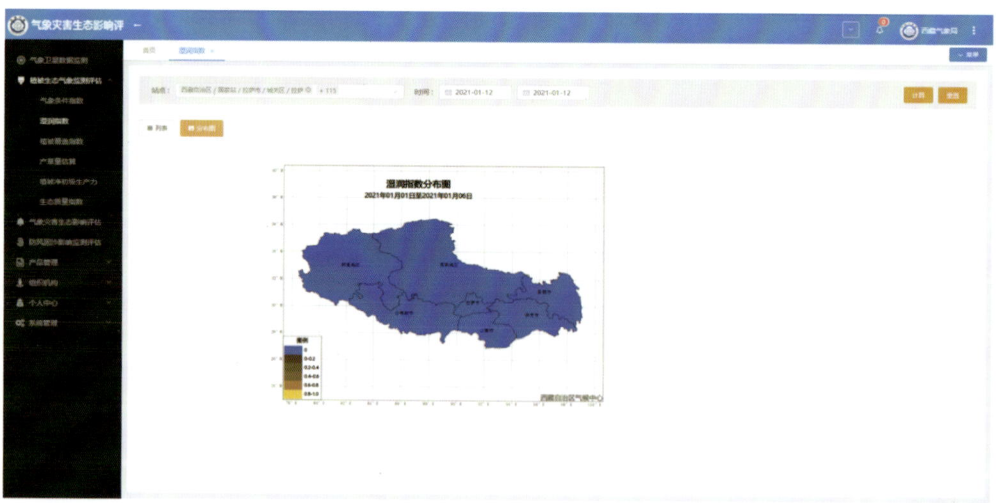

5.2.3 植被覆盖指数

植被覆盖指数是通过对卫星遥感数据的分析，将垂直投影的面积占地面表面积的百分比定义为植被覆盖指数。在植被覆盖指数页面中可通过对卫星类型、时间类型、时间范围进行配置，计算得到植被覆盖指数对应的等级信息展示分布图内容。

操作菜单：植被生态气象监测评估—植被覆盖指数。

点击菜单可进入植被覆盖指数计算条件配置及计算结果展示页面，在计算页面设置卫星类型、时间类型、时间选择范围，点击按钮 计算 ，即可计算出植被覆盖指数信息并生成等级分布图。

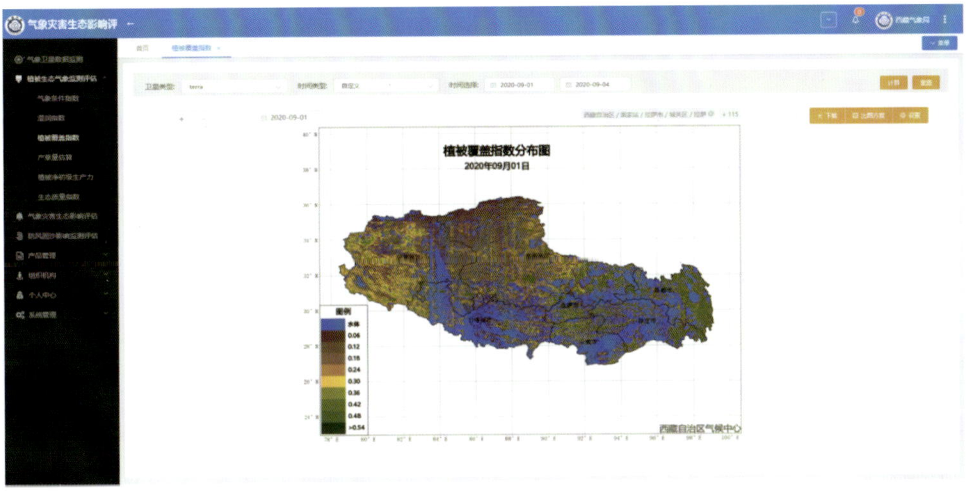

在生成的分布图中可切换日期查看所选择范围内的其他日期的分布图；点击 下载 ，可将当前页面的分布图保存到本地。

5.2.4 产草量估算

产草量(单位为 kg/hm^2)估算是将单位面积草地在某一时刻地上所有植物中牲畜采食部分的剩余量。

操作菜单：植被生态气象监测评估—产草量估算。

点击菜单即可进入产草量估算展示页面，页面默认展示当前 1 d 的产草量估算分布图，在产草量估算页面中设置牧草比例、根冠比例及时间范围，点击按钮 计算 ，根据卫星获取的遥感数据信息并将设置的条件进行数据计算，从而得到产草量估算的分布图。

在生成的分布图中可切换日期查看所选择范围内的其他日期的分布图；点击 下载 ，可将当前页面的分布图保存到本地。

5.2.5 植被净初级生产力

植被净初级生产力，是指单位面积草地植被在某一时间内通过光合作用固定的有机物质减去自氧呼吸消耗后剩余的有机物质重量。通过对卫星数据的解析，采用三种模型(光能利用率模型——CASA 模型、综合模型、桑斯威特模型)计算植被净初级生产力。

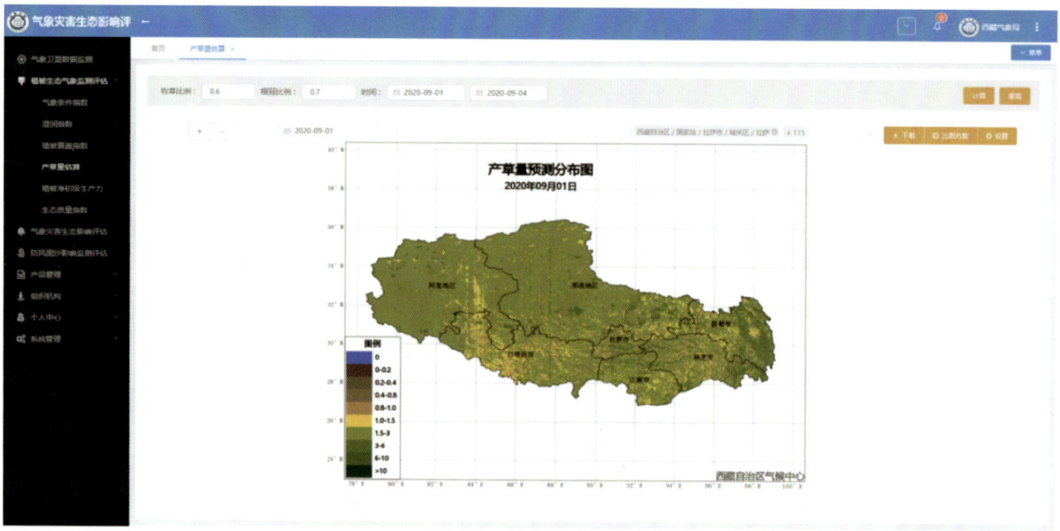

操作菜单：植被生态气象监测评估—植被净初级生产力。

点击菜单即可进入植被净初级生力计算页面，在页面中设置模型类型、卫星类型、时间类型、时间范围，点击按钮 计算 ，从而得到植被净初级生力的分布图。

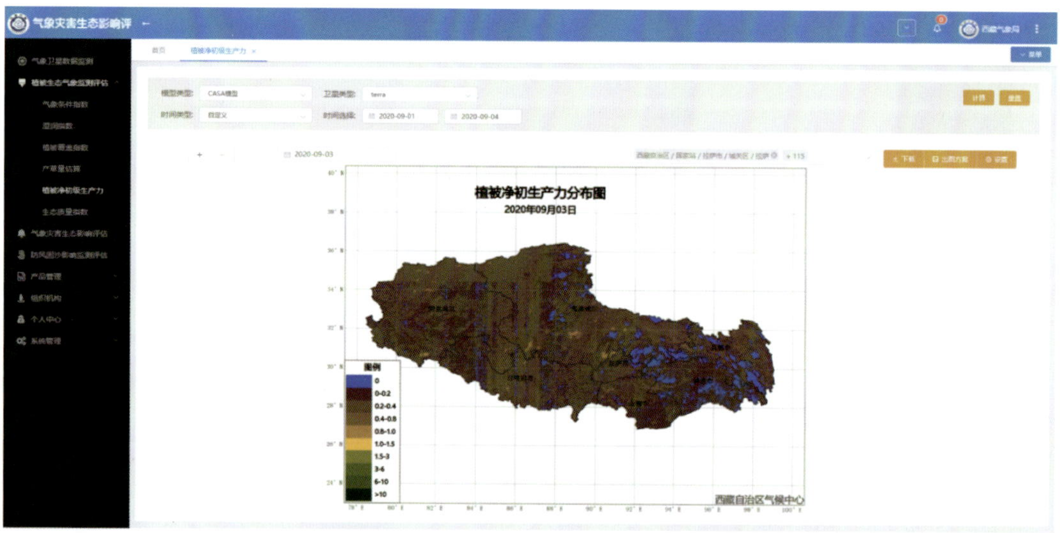

在生成的分布图中可切换日期查看所选择范围内的其他日期的分布图；点击 下载 ，可将当前页面的分布图保存到本地。

5.2.6 生态质量指数

生态质量指数用来判断草地生态系统的结构和功能状况。生态质量指数的计算是通过对卫星数据的解析，计算出草地年覆盖度、牧草产量，从而计算出草地生态质量指数。

操作菜单：植被生态气象监测评估—生态质量指数。

点击菜单即可进入生态质量指数计算页面，在生态质量指数计算页面，设置时间范围，点击按钮 计算 ，从而得到生态质量指数的分布图。

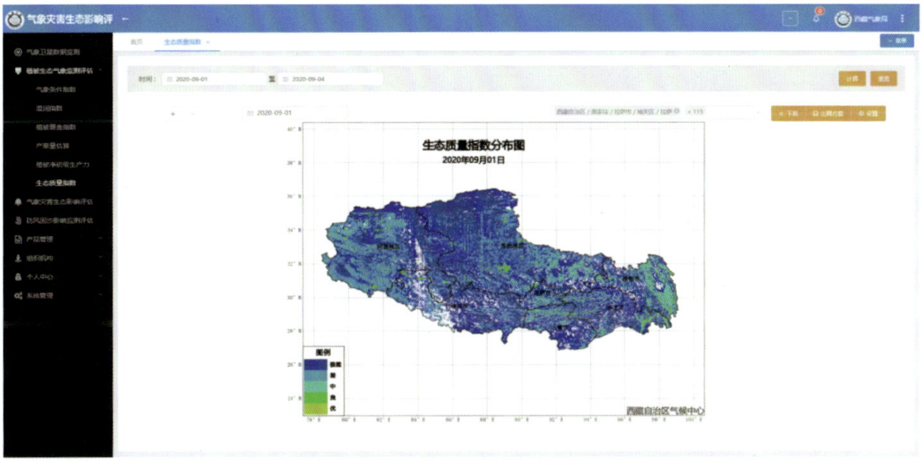

5.3 防风固沙影响监测评估

防风固沙影响监测评估：基于地表植被覆盖状况、气象条件、土壤湿度等因素计算不同空间单位陆地地表起沙难易程度的指数。并以分布图的形式呈现防风固沙等级分布。

操作菜单：防风固沙影响监测评估。

点击菜单即可进入防风固沙影响监测评估计算页面，在防风固沙影响监测评估计算页面，设置时间范围，点击按钮 计算 ，从而得到防风固沙易起沙尘指数的分布图。

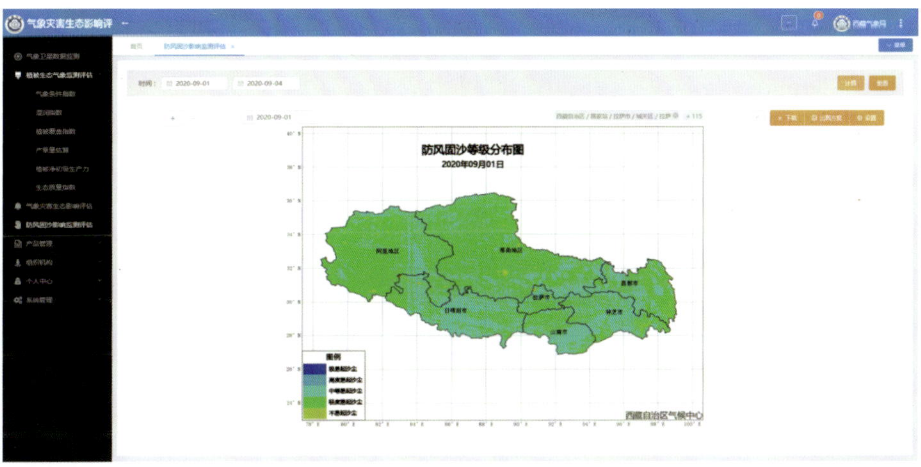

第6章 病虫害气象风险预警业务系统

6.1 病虫害气象风险预警业务系统操作说明

病虫害气象风险预警业务系统主要是对西藏冬小麦条锈病进行病害监测、草原蝗虫、毛虫和青稞蚜虫等虫害进行监测及预报，并根据监测和预报的内容制作对应的病虫害农气产品。

6.2 病害监测及预报预警

6.2.1 病害监测评估

病害监测评估：根据病害本地化配置页面配置的内容，以气象监测的实况数据计算出各区域的病害促病等级信息。

操作菜单：病害监测及预报预警—病害监测评估。

点击菜单病害监测评估，即可进入病害监测评估页面中，在查询条件中选择作物、病害类型、实况数据、时间范围，点击按钮 计算 ，即可生成病害促病等级。

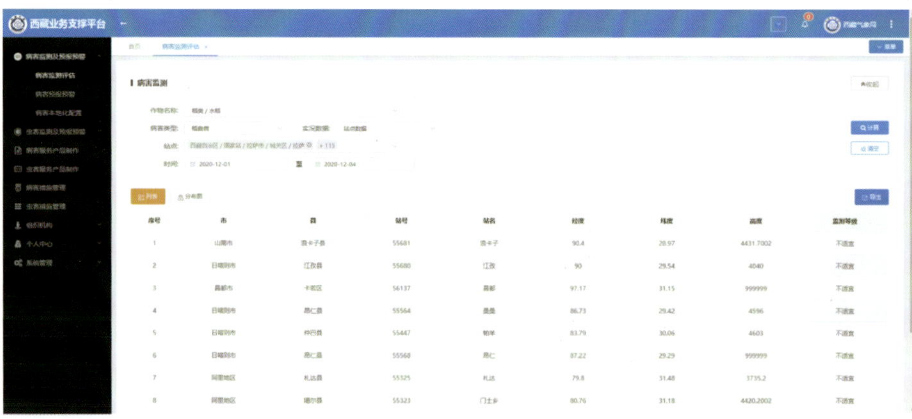

（1）作物名称：展示农业气象业务系统—知识管理—专业服务—作物管理中配置的作物信息。

（2）病害类型：根据选择的作物展示本地化配置的病害类型。

（3）实况数据：下拉选择，可选项有站点数据、栅格数据，可根据选择的实况数据计算病害发生情况。

(4)站点:若实况数据选择站点数据时,站点中加载国家站信息。

(5)时间:根据选择的时间范围计算范围内的病害情况。

选择计算条件,点击按钮 计算 ,列表展示计算结果;点击按钮 分布图 ,可将查询结果以分布图的形式展示。

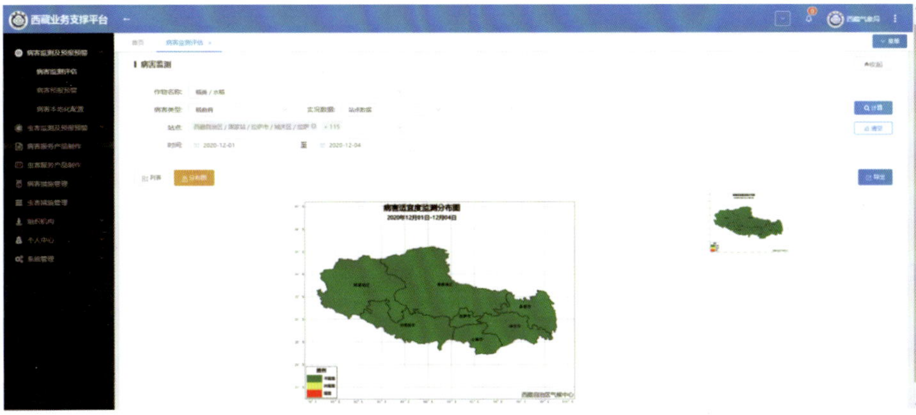

实况数据选择栅格数据时,计算结果以分布图的形式呈现。

注意:短期预报分为适宜、次适宜、不适宜三级;中长期监测预报分为流行、偏重、一般、偏轻四级。

6.2.2 病害预报预警

病害预报预警:根据病害本地化配置中配置的内容,以气象数据、气象监测的数据预报各区域的病害促病等级信息。

操作菜单:病害监测及预报预警—病害预报预警。

点击病害预报预警菜单,即可进入病害预报预警页面。

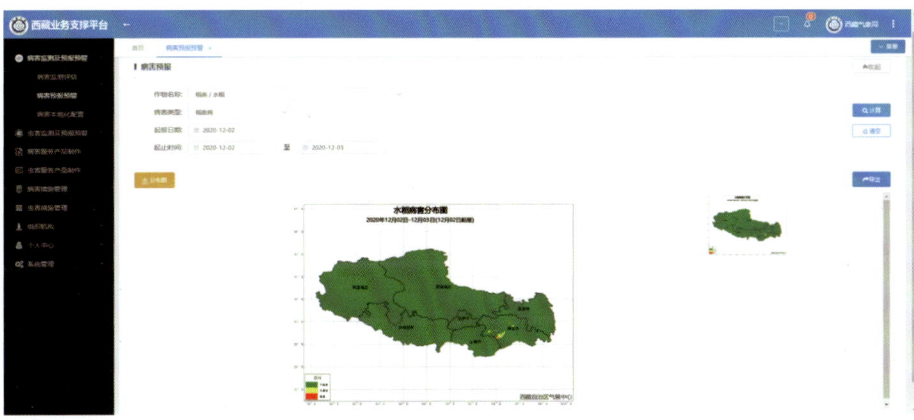

(1)作物名称:展示农业气象业务系统—知识管理—专业服务—作物管理中配置的作物信息。

(2)病害类型:根据选择的作物展示本地化配置的病害类型。

(3)起报日期:定义预报数据的时间。

(4)起止时间:定义预报病害的时间范围。

6.2.3 病害本地化配置

病害本地化配置:对各作物发生不同病害满足的气象条件进行配置。

操作菜单:病害监测及预报预警—病害本地化配置。

点击病害本地化配置菜单,即可进入病害配置页面。

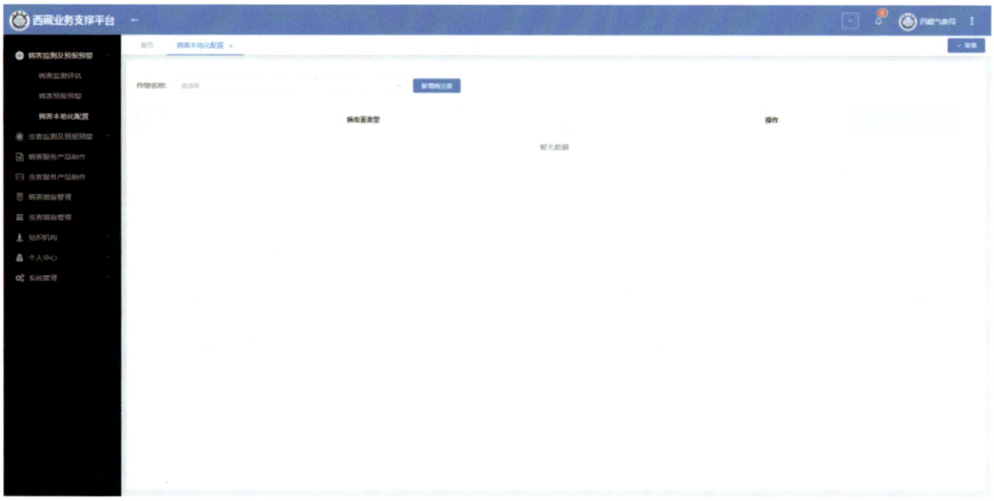

➢ 查询病害

作物名称下拉列表展示各作物,选择作物后,可在列表中显示对应作物配置的病害信息。

➢ 新增病害

在病害本地化配置选择作物名称,点击按钮 新增病虫害 。

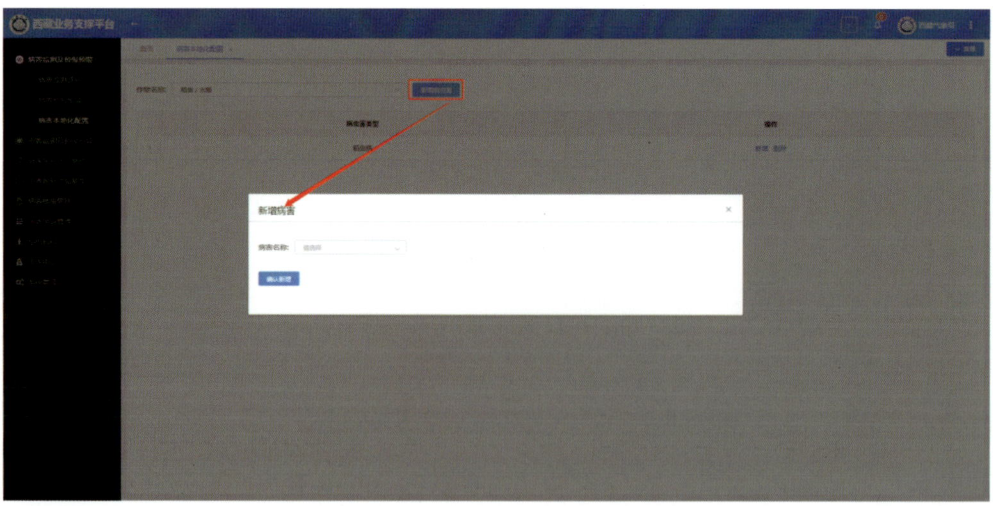

病害名称:下拉列表选择,下拉列表的内容可在农业气象业务支撑系统—知识管理—农业生产指导—常规服务—病害管理中进行维护。

选择病害并点击按钮 确认新增 ,作物对应的病害信息新增成功。

➢ 删除病害

在病害本地化配置页面中，点击操作列中的按钮 删除，可删除病害及其对应的配置信息。

➢ 配置病害

在新增的病害中，点击按钮 新增，即可跳转到病害配置的页面。

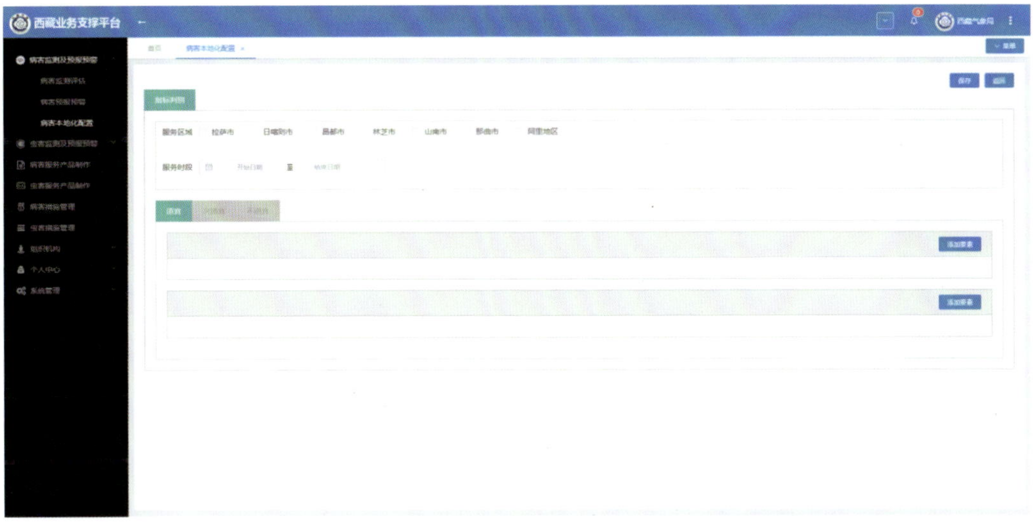

（1）服务区域：定义病害发生的区域，根据所选择的区域预测病害信息。

（2）服务时段：定义病害发生的时间范围。

（3）适宜/次适宜/不适宜：配置适宜/次适宜/不适宜发生病害的气象信息，可通过 添加要素 按钮加载气象要素的配置项，在同一个要素中添加多个气象要素时，需同时满足即可触发病害；若配置多个要素，则满足其中一个即可触发病害。

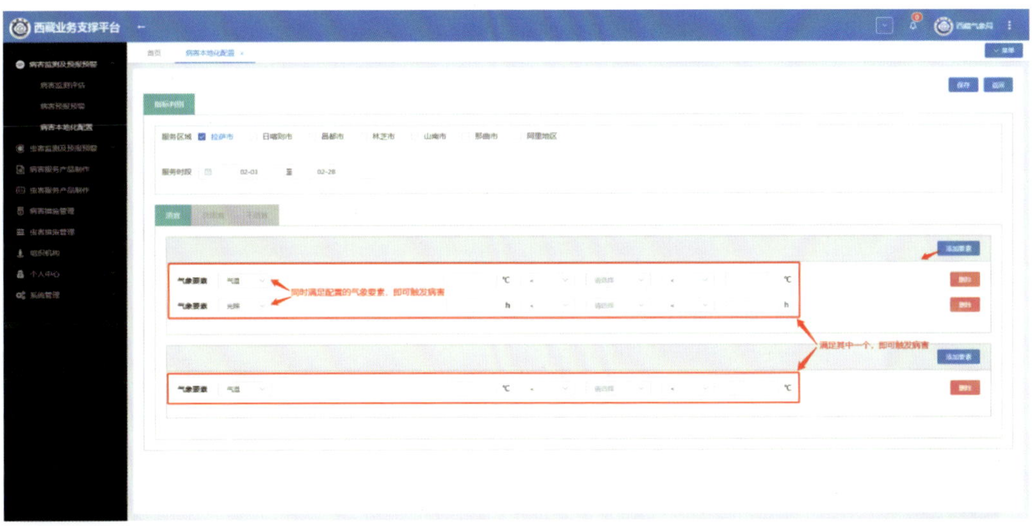

在适宜/次适宜/不适宜中点击按钮 删除，可删除气象要素的配置。

配置完服务区域、服务时段及触发条件，点击按钮 保存，可保存配置信息，点击按钮 返回，可取消病害的配置。

➢ 维护病害配置

在病害本地化配置页面中，选择作物加载出对应的病害信息，点击列表左侧按钮 ∨ ，可加载出对应的病害配置列表。

在配置列表中点击操作列中的按钮 编辑 ，可弹出配置详情页，可对配置页面内容进行维护，点击按钮 删除 ，可删除配置信息。

6.3 虫害监测及预报预警

6.3.1 虫害监测评估

虫害监测评估：根据虫害本地化配置页面配置的内容，以气象监测的实况数据计算出各区域的虫害促病等级信息。

操作菜单：虫害监测及预报预警—虫害监测评估。

点击菜单虫害监测评估，即可进入虫害监测评估页面，在查询条件中选择作物、虫害类型、实况数据、时间范围，点击按钮 计算 ，即可生成虫害促病等级。

(1)作物名称:展示农业气象业务系统—知识管理—专业服务—作物管理中配置的作物信息。

(2)虫害类型:根据选择的作物展示本地化配置的虫害类型。

(3)实况数据:下拉选择,可选项有站点数据、栅格数据,可根据选择的实况数据计算促病等级。

(4)站点:若实况数据选择站点数据,站点中将加载国家站信息。

(5)时间:根据选择的时间范围计算范围内的促病等级。

选择计算条件,点击按钮 计算 ,列表展示计算结果;点击按钮 分布图 ,可将查询结果以分布图的形式展示。实况数据选择栅格数据时,计算结果以分布图的形式呈现。

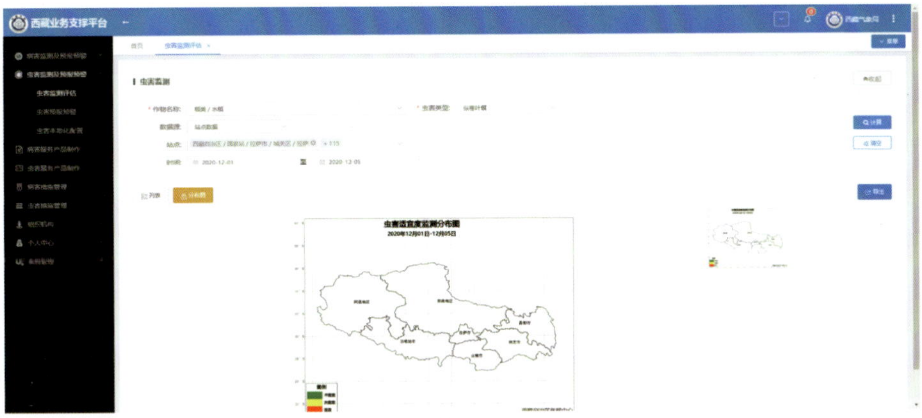

6.3.2 虫害预报预警

虫害预报预警:根据虫害本地化配置中配置的内容,以气象数据、气象监测的数据预报各区域的虫害促病等级信息。

操作菜单:虫害监测及预报预警—虫害预报预警。

点击虫害预报预警菜单,即可进入虫害预报预警页面。

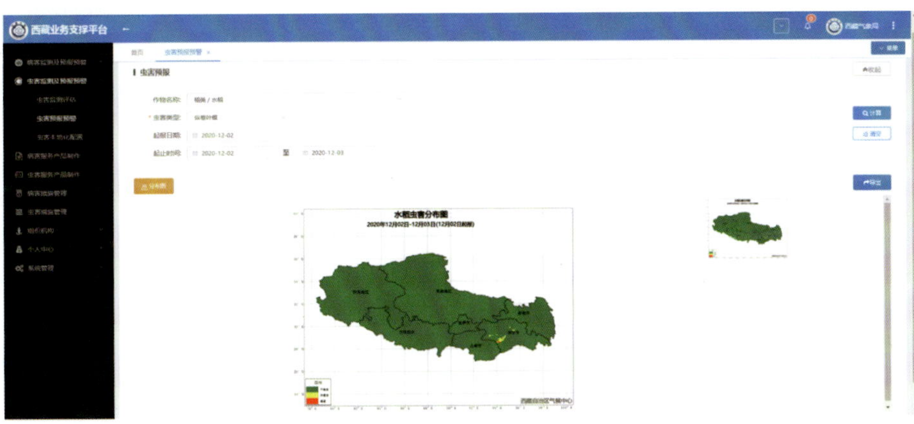

(1)作物名称:展示农业气象业务系统—知识管理—专业服务—作物管理中配置的作物信息。

(2)虫害类型:根据选择的作物展示本地化配置的虫害类型。

(3)起报日期:定义预报数据的时间。

(4)起止时间:定义预报虫害的时间范围。

6.3.3 虫害本地化配置

虫害本地化配置:对各作物发生不同虫害满足的气象条件进行配置。

操作菜单:虫害监测及预报预警—虫害本地化配置。

点击虫害本地化配置菜单,即可进入虫害配置页面。

➢ 查询虫害

作物名称下拉列表展示各作物,选择作物后,可在列表中显示对应作物配置的虫害信息。

➢ 新增虫害

在虫害本地化配置中选择作物名称,点击按钮 新增病虫害 。

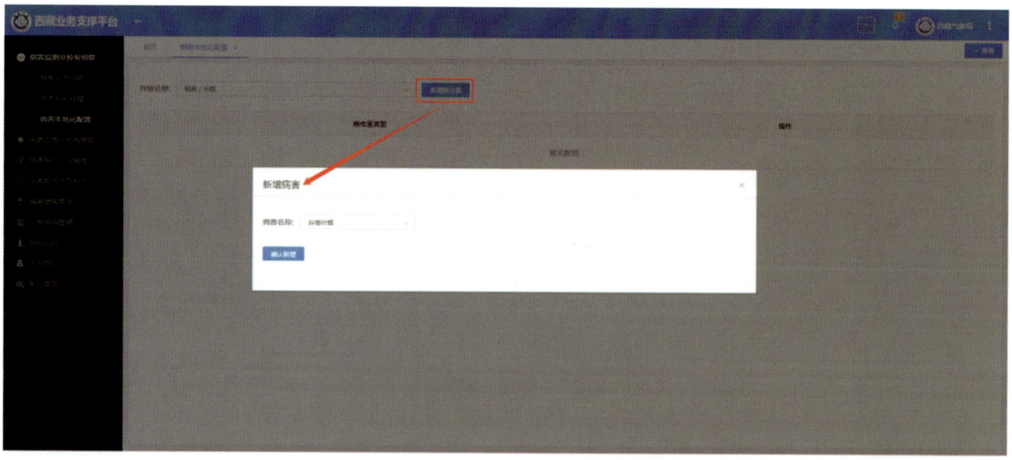

虫害名称:下拉列表选择,下拉列表的内容可在农业气象业务支撑系统—知识管理—农业生产指导—常规服务—虫害管理中进行维护。

选择虫害并点击按钮 确认新增 ,作物对应的虫害信息新增成功。

➢ 删除虫害

在虫害本地化配置页面中，点击操作列中的按钮 删除，可删除虫害及其对应的配置信息。

➢ 配置虫害

在新增的虫害中，点击按钮 新增 ，即可跳转到虫害配置的页面。

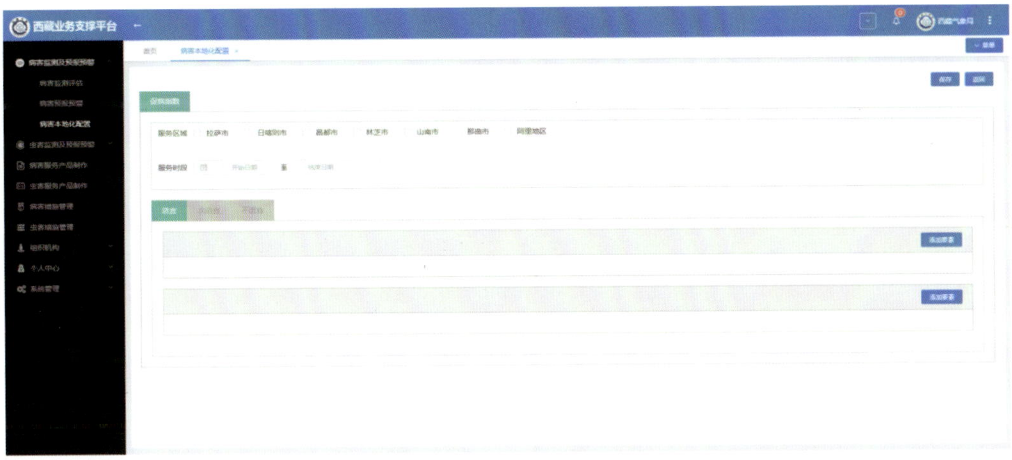

(1)服务区域：定义虫害发生的区域，根据所选择的区域预测虫害信息。

(2)服务时段：定义虫害发生的时间范围。

(3)适宜/次适宜/不适宜：配置适宜/次适宜/不适宜发生虫害的气象信息，可通过 添加要素 按钮加载气象要素的配置项，在同一个要素中添加多个气象要素时，需同时满足即可触发虫害；若配置多个要素，则满足其中一个即可触发虫害。

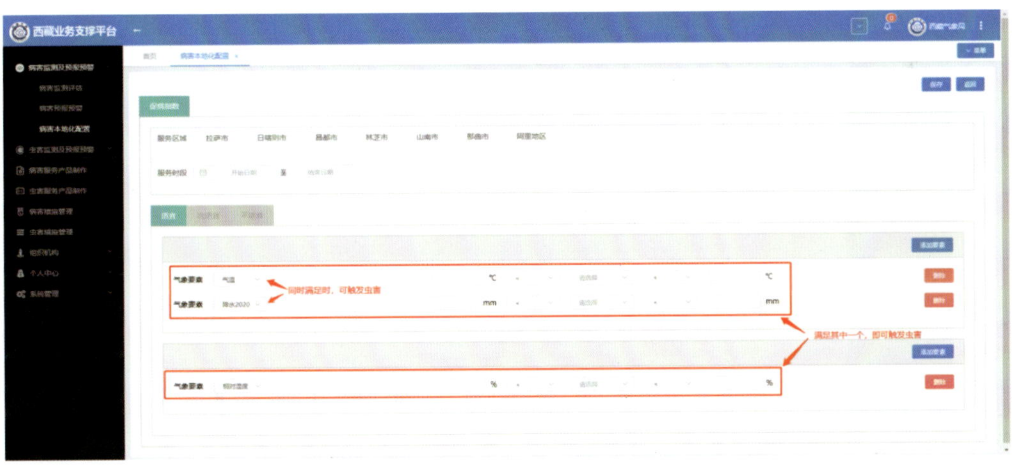

在适宜/次适宜/不适宜中可以点击按钮 删除 ，可删除气象要素的配置。

配置服务区域、服务时段及触发条件后，点击按钮 保存 ，可保存配置信息，点击按钮 返回 ，可取消虫害的配置。

➢ 维护虫害配置

在虫害本地化配置页面中，选择作物加载出对应的虫害信息，点击列表左侧按钮 ∨ ，可加载出对应的虫害配置列表。

在配置列表中点击操作列中的按钮 编辑 ，可弹出配置详情页，可对配置页面内容进行维护，点击按钮 删除，可删除配置信息。

6.4 病害服务产品制作

病害服务产品制作：根据病害监测及预报的内容，并给出对应的建议措施，形成病害服务产品，以文档的形式输出。病害服务产品制作分为产品参数、病害发生气象等级评估、病害发生气象等级预报、预报依据、对策建议及产品预览。

操作菜单：病害服务产品制作。

点击病害服务产品制作，进入产品制作页面。

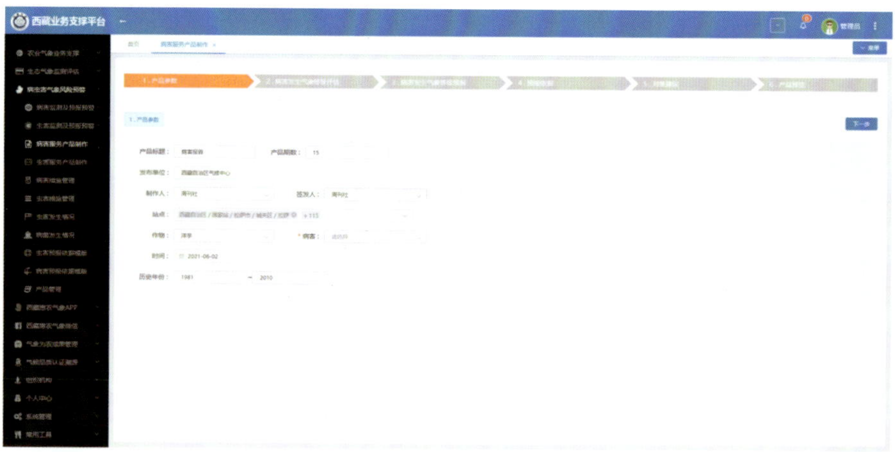

➤ 产品参数

(1)产品标题：默认展示病害报告，可自定义标题名称。

(2)产品期数：显示当前病害报告的期数，数值可修改。

(3)发布单位：定义病害报告产品发布的单位，可修改，默认展示当前登录用户归属部门。

(4)制作人/签发人/审核人：下拉列表(单选)，定义病害服务产品的制作人、签发人、审核人。

(5)作物:默认展示农业气象业务系统—知识管理—专业服务—作物管理中配置的作物信息。

(6)病害:根据选择的作物展示配置的病害,病害内容可以在病害监测及预报—病害本地化配置中进行配置。

(7)时间:定义病害监测的时间。

产品参数录入完成后,点击按钮 下一步 ,则可进入病害发生气象等级评估页面。

➤ 病害发生气象等级评估

在病害监测页面中设置监测的时间范围,根据产品参数中配置的作物、病害生成对应作物的病害分布图,左侧展示文字描述,可自定义,右侧则展示病害的分布图;点击按钮 下一步 ,则跳转到病害发生气象等级预报展示页面。

➤ 病害发生气象等级预报

在病害预测页面中根据产品参数中配置的作物、病害及时间范围,生成对应时间范围的预报分布图及文字描述,其中左侧文字描述可自定义;点击按钮 下一步 ,则跳转到对策建议页面。

➢ 对策建议

在对策建议中加载出产品参数中所选作物的对策建议列表内容，可通过月份、关键字进行搜索，勾选建议信息，点击按钮 下一步 ，可进入本周天气页面。

➢ 本周天气

在本周天气页面中加载本周的天气预报内容，可自定义，点击按钮 下一步 ，可进入产品预览页面。

➢ 产品预览

在产品预览页面中，产品参数、病害监测、病害预报、对策建议、本周天气的数据将通过pageoffice控件进行预览展示，可在预览页面进行内容调整，调整后需在控件中保存，再在预览的产品信息中点击按钮 提交 ，即可完成病害报告产品的制作，生成病害报告产品。

6.5 虫害服务产品制作

虫害服务产品制作：根据虫害监测及预报的内容，给出对应的建议措施，形成虫害服务产品，以文档的形式输出。虫害服务产品制作分为产品参数、病害监测、病害预报、对策建议、本周天气及产品预览。

操作菜单：虫害服务产品制作。

点击虫害服务产品制作，进入产品制作页面。

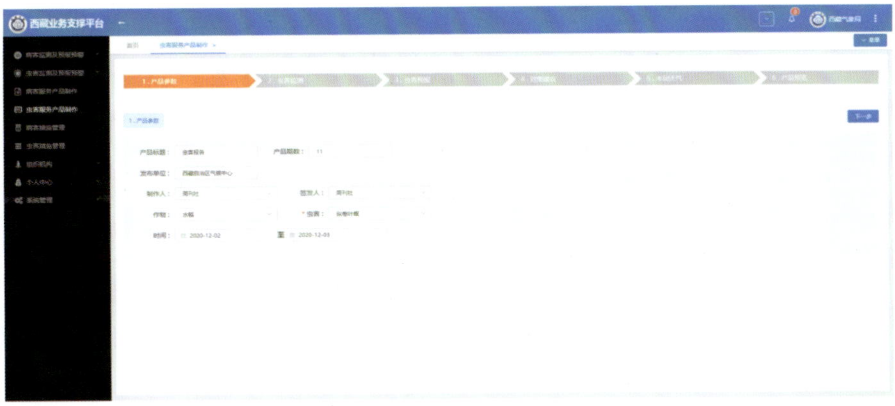

➢ 产品参数

(1)产品标题：默认展示虫害报告，可自定义标题名称。

(2)产品期数：显示当前虫害报告的期数，数值，可修改。

(3)发布单位：定义虫害报告产品发布的单位，可修改，默认展示当前登录用户归属部门。

(4)制作人/签发人：下拉列表(单选)，定义生长适宜度评价及预报产品的制作人和签发人信息。

(5)作物：默认展示农业气象业务系统—知识管理—专业服务—作物管理中配置的作物信息。

(6)虫害：根据选择的作物展示配置的虫害，虫害内容可以在虫害监测及预报—虫害本地化配置中进行配置。

(7)时间范围：定义虫害监测的时间范围。

产品参数录入完成后，点击按钮 下一步 ，则可进入虫害监测页面。

➢ 虫害监测

在虫害监测页面中根据产品参数中配置的作物、虫害及时间范围，生成虫害近一周监测的分布图，左侧展示文字描述，可自定义，右侧则展示虫害的分布图；点击按钮 下一步 ，则跳转到虫害预报展示页面。

➢ 虫害预报

在虫害预报页面中根据产品参数中配置的作物、虫害及时间范围，生成对应时间范围的预报分布图及文字描述，其中左侧文字描述可自定义；点击按钮 下一步 ，则跳转到对策建议页面。

➢ 对策建议

在对策建议中加载产品参数中所选作物的对策建议列表内容，可通过月份、关键字进行搜索，勾选建议信息，点击按钮 下一步 ，可进入本周天气页面。

➢ 本周天气

在本周天气页面中加载本周的天气预报内容，可自定义，点击按钮 下一步 ，可进入产品预览页面。

➢ 产品预览

在产品预览页面中，产品参数、虫害监测、虫害预报、对策建议、本周天气的数据将通过 pageoffice 控件进行预览展示，可在预览页面进行内容调整，调整后需在控件中保存，再在预览的产品信息中点击按钮 提交 ，即可完成虫害报告产品的制作，生成虫害报告产品。

6.6 病害措施管理

病害措施管理：对各作物各病害的应对措施进行维护管理。

操作菜单：病害措施管理。

点击病害措施菜单，即可进入病害措施列表页面。

➢ 查询病害措施

在病害措施管理页面中，点击列表右上角按钮 ，可加载出查询条件。可通过作物名称查询病害措施，可单选也可多选。

➢ 新增病害措施

在病害措施管理列表页面，点击按钮 ，弹出新增病害措施管理的弹框。

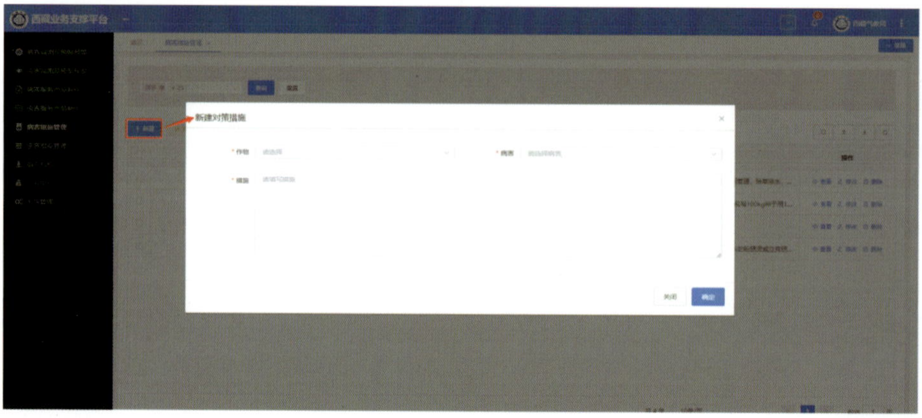

（1）作物：展示农业气象业务系统—知识管理—专业服务—作物管理中配置的作物信息。

（2）病害：根据选择的作物展示本地化配置的病害类型。

（3）措施：录入病害对应的措施。

在新增对策措施的弹框中选择作物、病害，并录入对应措施，点击按钮 确定 ，即可保存病害的对策措施，点击按钮 关闭 ，可取消病害对策措施的新增操作。

在病害措施管理页面中，点击按钮 修改 ，弹出修改病害措施的弹框，可对病害内容进行修改。

➢ 删除病害措施

在病害措施管理页面中，点击按钮 删除 ，可删除病害措施。

➢ 病菌管理

在病害措施管理页面中，点击 病菌管理 ，跳转到病菌管理页面，可进行病菌信息维护和管理。点击页面右上角按钮 ← 返回 ，可返回到措施管理列表。

（1）新建/修改病菌

在病菌管理列表页面中，点击 ＋新建 ，可弹出病菌新增的弹框。

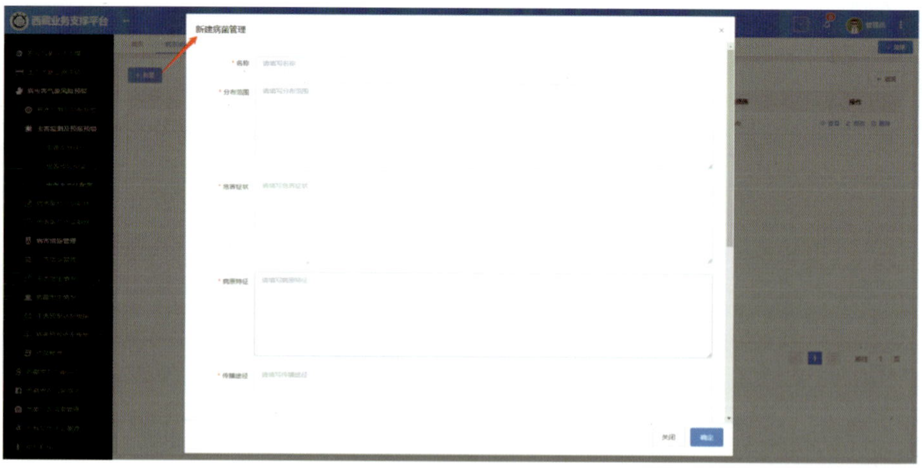

在弹框中录入病菌信息后，点击 确定 ，病菌信息即可保存成功，点击 关闭 ，可取消病菌信

息新增操作。

在病菌管理页面中，点击列表操作列的 修改，可弹出修改病菌信息弹框，更新病菌信息，点击 确定，病菌信息更新成功，点击 关闭 ，可取消病菌信息更新操作。

（2）删除病菌

在病菌管理页面中，点击列表操作列的 删除，可删除病菌信息。

6.7 虫害措施管理

虫害措施管理：对各作物各虫害的应对措施进行维护管理。

操作菜单：虫害措施管理。

点击虫害措施菜单，即可进入虫害措施列表页面。

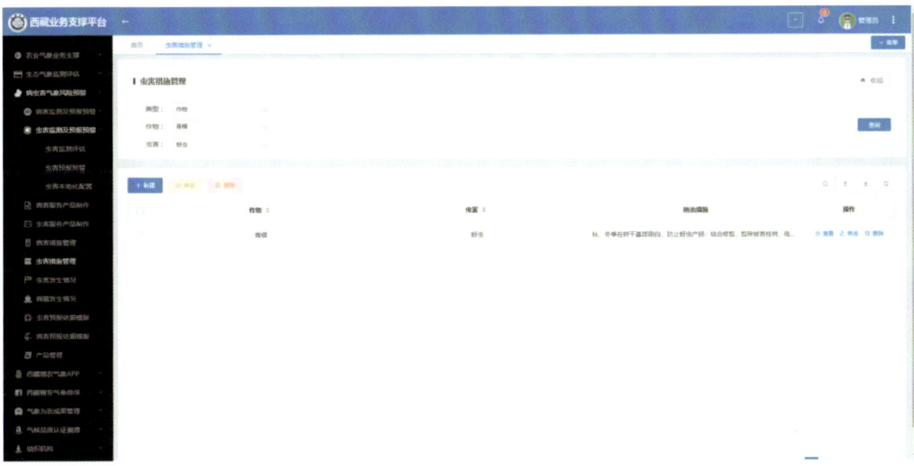

➢ 查询虫害措施

在虫害措施管理页面中，可通过类型、作物名称、虫害查询虫害措施。

➢ 新增虫害措施

在虫害措施管理列表页面，点击按钮 + 新建，弹出新增虫害措施管理的弹框。

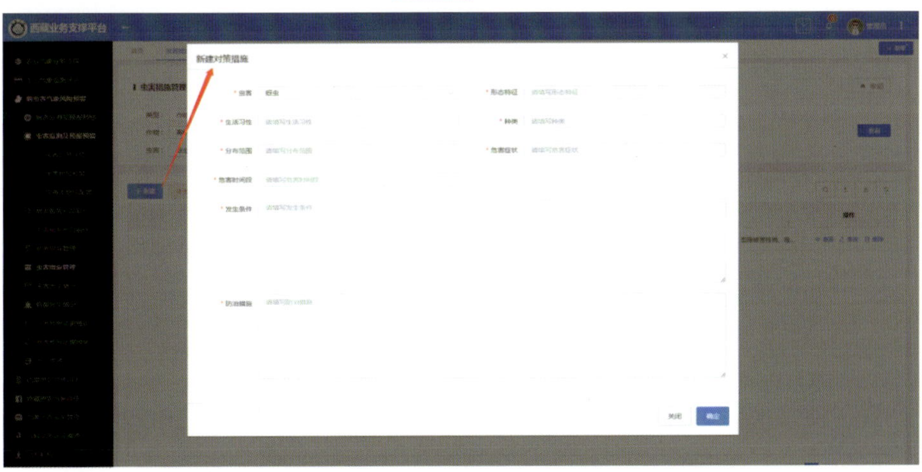

在虫害措施管理弹框中录入虫害措施对应内容，点击按钮 确定 ，即可保存虫害的对策措施，点击按钮 关闭 ，可取消虫害对策措施的新增操作。

在虫害措施管理页面中，点击按钮 修改 ，弹出修改虫害措施的弹框，可对虫害措施内容进行修改。

➢ 删除虫害措施

在虫害措施管理页面中，点击按钮 删除 ，可删除虫害措施。

6.8 虫害发生情况

虫害发生情况：记录虫害发生地点、时间、经度、纬度、海拔高度、草地面积、牧草分布情况、土质情况、草地沙化情况、是否迁入、迁入虫源名称、虫口密度、草地损失情况。

操作菜单：虫害发生情况。

点击菜单进入虫害发生情况页面，页面中展示所有的虫害发生情况记录。

➢ 新建

在虫害发生情况页面中，点击按钮 + 新建 ，可弹出虫害发生情况新增页面。

在弹框中录入虫害发生的相关信息后，点击 确定 ，则虫害发生情况内容保存成功；点击按钮 关闭 ，可取消虫害发生的新增操作。

在虫害发生情况列表页面，点击操作列中的 修改 ，可对虫害发生情况进行修改。

➢ 删除

在虫害发生情况列表页面，点击操作列中的 删除 ，可删除虫害发生情况。

➢ 查询

在虫害发生情况列表页面，可通过类型和时间范围查询虫害信息；选择类型或者时间范围，点击 查询 ，则列表返回查询结果；其中时间范围为虫害发生的时间。

6.9 病菌发生情况

病菌发生情况：记录病菌发生地点、时间、经度、纬度、海拔高度、草地面积、发生程度、危害作物、作物损失情况。

操作菜单：病菌发生情况。

点击菜单进入病菌发生情况页面，页面中展示所有的病菌发生情况记录。

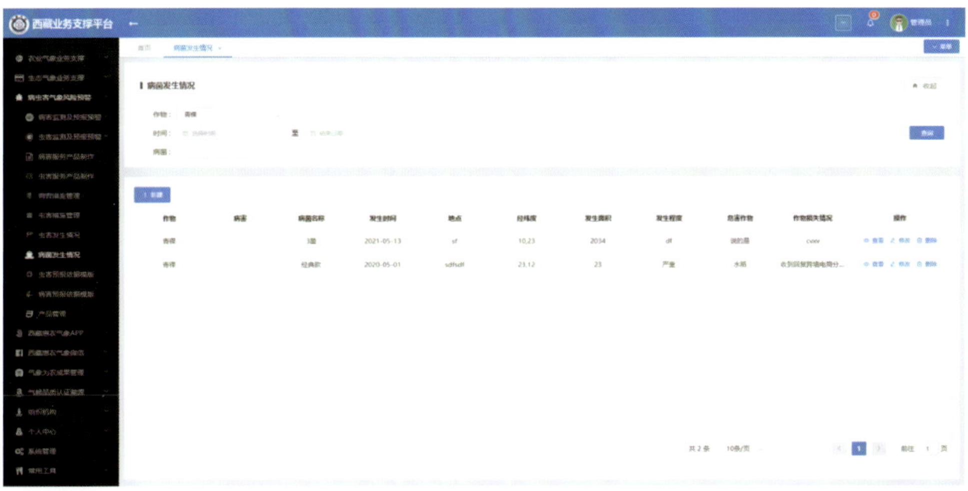

➢ 新建

在病菌发生情况页面中，点击按钮 + 新建 ，可弹出病菌发生情况新增页面。

在弹框中录入病菌发生的相关信息后，点击 确定 ，则病菌发生情况内容保存成功；点击按钮 关闭 ，可取消病菌发生的新增操作。

在病菌发生情况列表页面，点击操作列中的 修改 ，可对病菌发生情况进行修改。

➢ 删除

在病菌发生情况列表页面，点击操作列中的 删除 ，可删除病菌发生情况。

➢ 查询

在病菌发生情况列表页面，可通过作物、时间范围等查询病菌信息；选择作物或者时间范

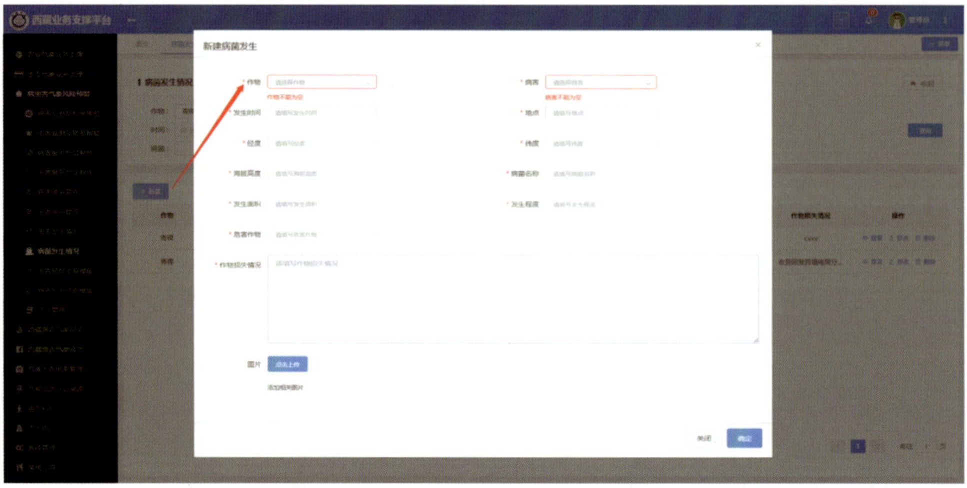

围或者录入病菌，点击 查询 ，则列表返回查询结果；其中时间范围为病菌发生的时间。

6.10 虫害预报依据模板

虫害预报依据模板：在虫害服务产品制作中，对虫害预报依据进行模板内容的维护和管理。

操作菜单：虫害预报依据模板。

点击菜单进入虫害预报依据模板页面，页面展示所有的虫害预报依据模板。

➢ 添加预报依据模板

在虫害预报依据模板页面中，点击按钮 + 新建 ，则可弹出新增虫害预报依据模板弹框，在弹框中录入类型、虫害、模板名称及发生条件等信息后，点击 确定 ，则模板内容新增成功，点击 关闭 ，则取消模板内容的新增。

在虫害预报依据模板列表页面，点击操作列中的 修改，可对虫害预报依据模板进行修改。

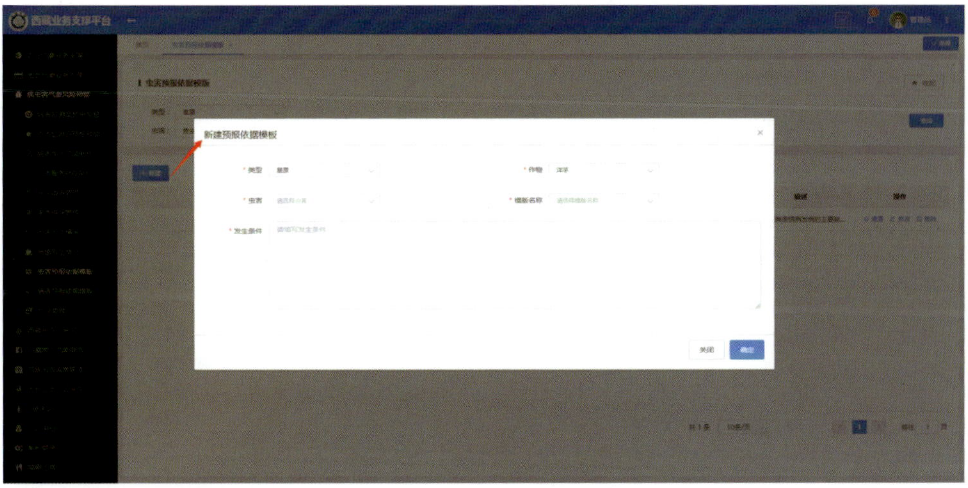

➢ 删除预报依据模板

在虫害预报依据模板列表页面中，点击操作列中的 删除，可删除虫害预报依据模板。

6.11　病害预报依据模板

病害预报依据模板：在病害服务产品制作中，对病害预报依据进行模板内容的维护和管理。

操作菜单：病害预报依据模板。

点击菜单进入病害预报依据模板页面，页面展示所有的病害预报依据模板。

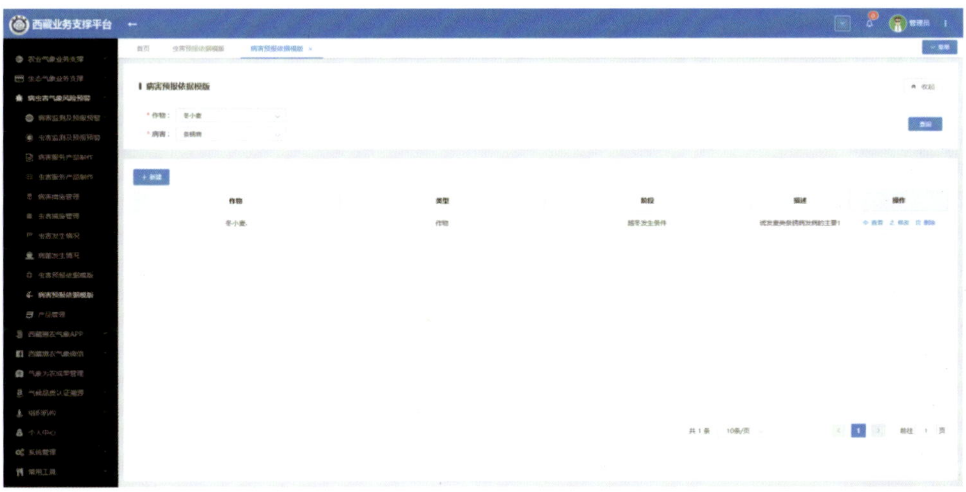

➢ 添加预报依据模板

在病害预报依据模板页面中，点击按钮 + 新建 ，则可弹出新增病害预报依据模板弹框，在弹框中录入作物、病害、模板名称及发生条件信息后，点击 确定 ，则模板内容新增成功，点击 关闭 ，则取消模板内容的新增。

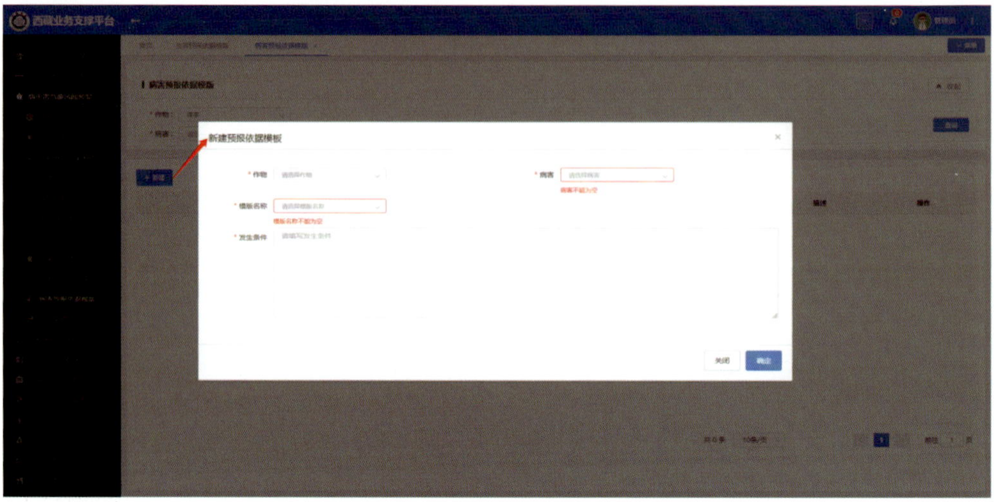

在病害预报依据模板列表页面，点击操作列中的 修改，可对虫害预报依据模板进行修改。

➢ 删除预报依据模板

在病害预报依据模板列表页面中，点击操作列中的 删除，可删除病害预报依据模板。

6.12　病虫害产品管理

产品管理：记录制作的病害和虫害服务产品。可对服务产品进行查看、下载、删除的管理操作。

操作菜单：产品管理。

点击菜单即可进入产品管理页面。

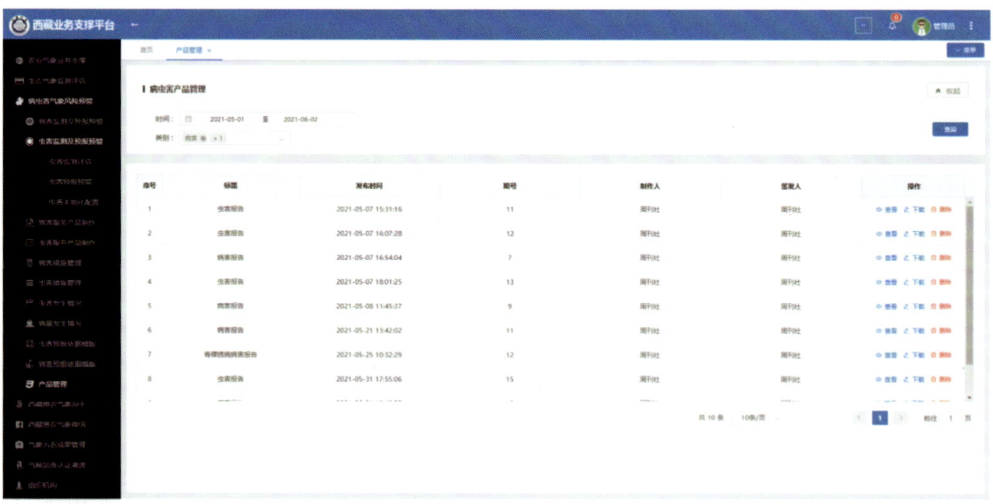

➢ 查看服务产品

在产品列表页面点击操作列中 查看 按钮，则页面弹出 pageoffice 控件，可查看服务产品详细内容。

➢ 下载服务产品

在产品列表页面点击操作列中 下载 按钮，可将产品以 word 文档的形式保存到本地。

➢ 删除服务产品

在产品列表页面点击操作列中 删除 按钮，可删除服务产品。

第 7 章 积雪监测系统

7.1 系统登录

用户登录相应的网站，打开后进入登录页面，输入账号，点击获取动态密码，用户手机会收到相应的动态密码，输入动态密码，点击登录，即可登录系统。

7.2 系统主页

登录系统即可进入系统主页，系统主页显示系统所有功能模块，用户根据自己需要进行相应的操作，可以查看相应模块里的数据。

7.3 站点监测

站点监测在地图上显示站点的基础信息，用户可根据不同类型的站点选择某一类型的站点显示。

根据用户需要，用户搜索某一站点名称或者设备号，系统可以定位到搜索的站点，并且该站点会跳动，用户更容易找到想要查看的站点。

7.4 积雪监测站与风险预警站监测

根据用户需要，用户可单独查看某一站点的信息，如下图用户点击某一站点可查看该站点的实景画面，用户可直观地看到当时站点的实景信息。

系统可直接让用户了解站点的配置信息，用户可以根据需要进行查看，系统显示站点的地址位置、经纬度、负责人、站点类型、设备信息等数据。

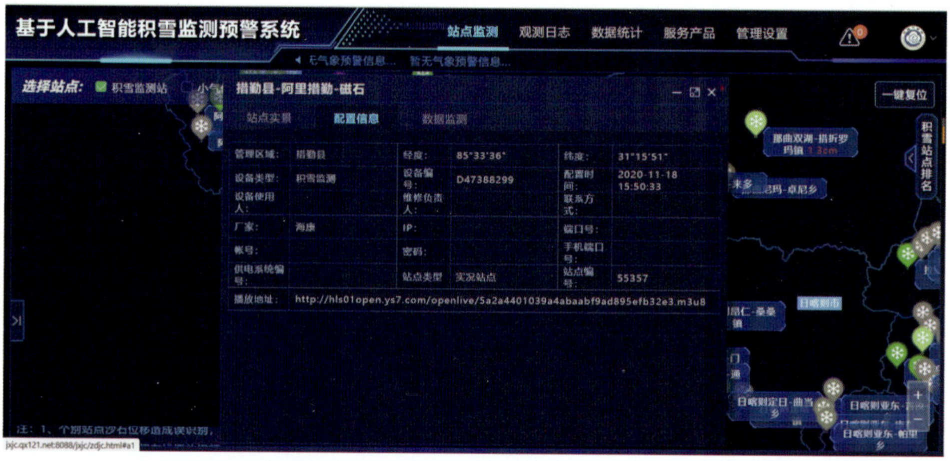

系统实时记录站点监测的数据，用户可点击数据监测，查看站点的监测数据，系统对监测数据进行分析对比，判断是否有积雪产生，用户可以直观地看到监测数据情况。

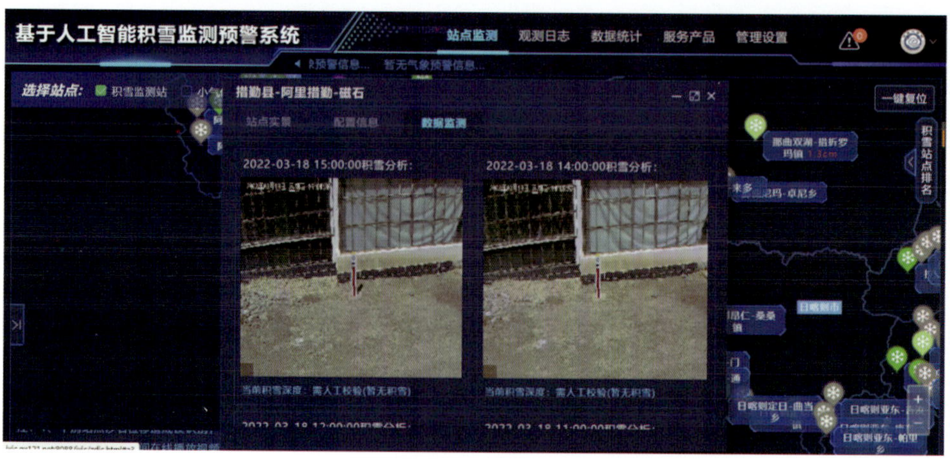

7.4.1 小气候站监测

用户点击单个小气候站可查看单个气候站监测的温度、湿度、风速、风向、土壤湿度等气象数据。

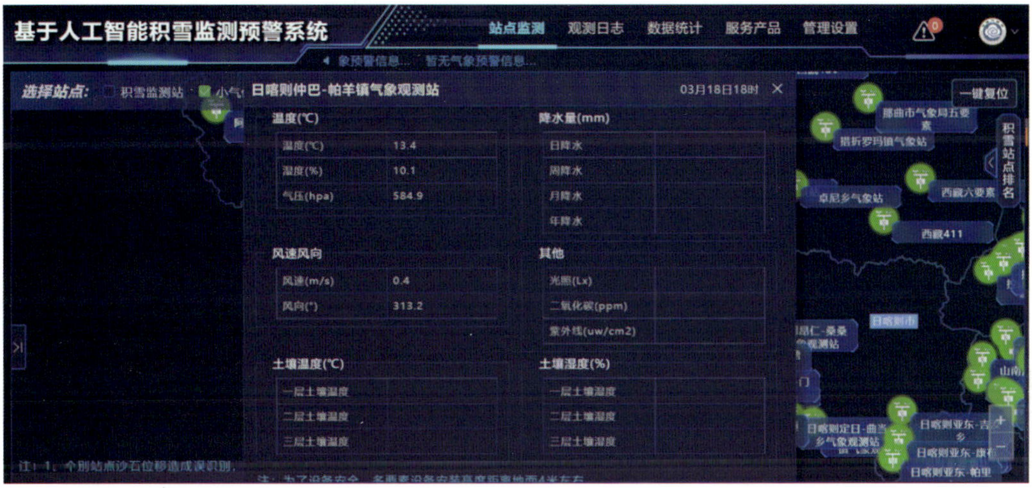

7.4.2 站点管理

用户可根据设备在不在线、有无积雪设备进行不同的操作，查看设备在线情况，有积雪设备的站点还可以选择隐藏站点的设备名称，使用户直观清晰地看到站点情况。

根据积雪的不同的深度，设置5类标准，用户选择不同的积雪深度系统会在地图上展示符合这一区间段的监测站，用户能直接了解到某地区的积雪程度。

7.4.3 站点排名

系统可以根据当天监测的积雪深度对监测站点进行排名，用户可以直接看到站点排名情况，为预警信息发布提供一定的基础支撑。

7.4.4 预警信息

用户点击 可以在系统上查看发出的预警信息,还可以查看所有发出的预警信息。

7.5 观测日志

用户点击观测日志可以查看站点的列表日志，用户可以通过选择时间段或者站点选择需要查看的观测日志，观测日志列表会对站点进行初步分析，得出是否需要人工校验，对需要人工校验的站提示客户进行人工查看。

用户在观测列表中点击某一站点的观测对比图，一左一右两张图的对比可帮助用户判断是否有积雪，人工校验后发现问题点击修改可以修改此时记录的站点日志。

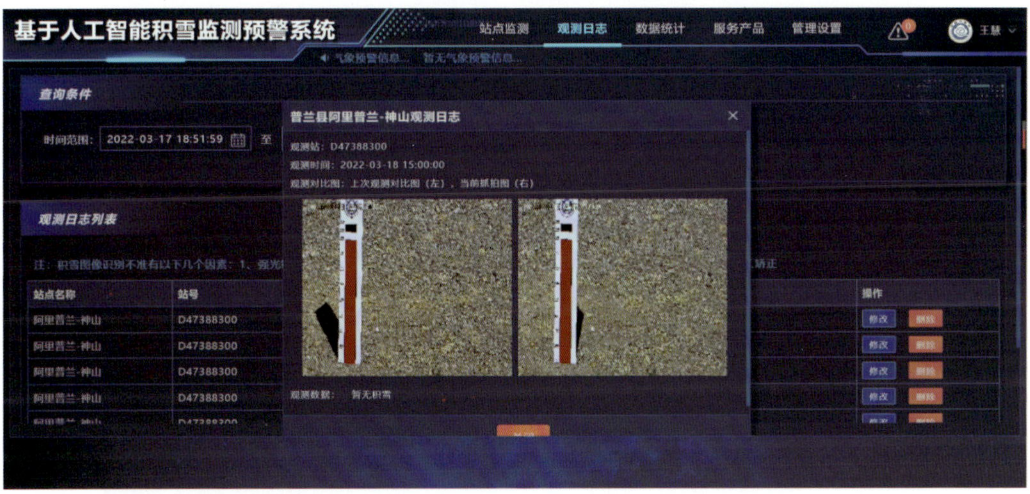

7.6 数据统计

用户点击数据统计，会展示统计的数据，分积雪阈值监测、积雪数据统计、整点数据查询、24 h数据统计四类，用户根据需要查看某一类数据统计结果。

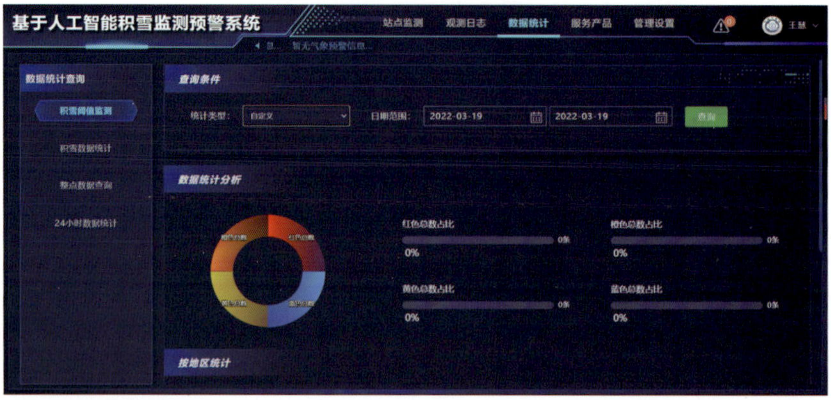

7.6.1 积雪阈值监测

用户可以选择不同的查询条件进行查询，系统会根据用户的查询条件进行数据统计分析和地区统计分析，以图表的形式展示给用户。

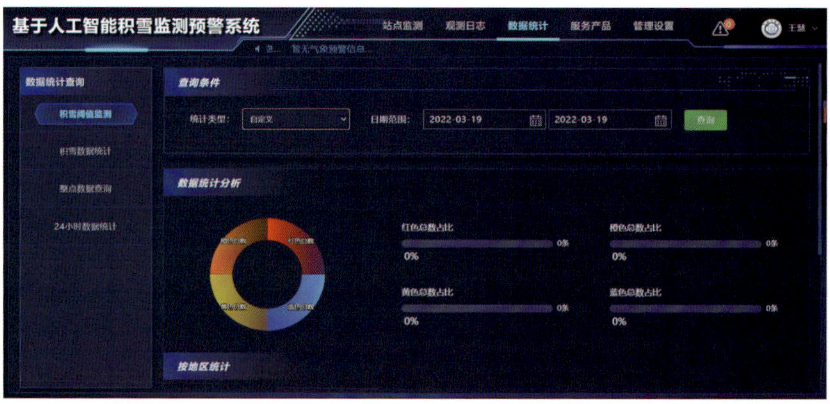

7.6.2 积雪数据统计

用户选择查询条件，系统对积雪站点进行统计分析，以图表形式展示数据统计结果，还可以列表形式展示各站的数据详情。

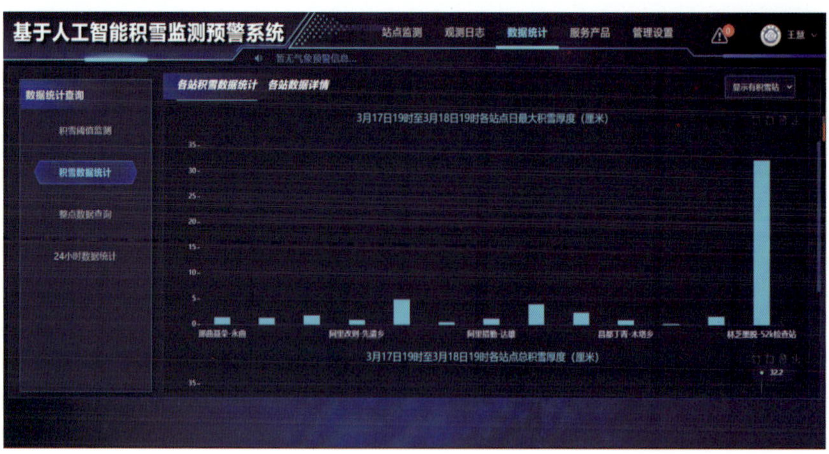

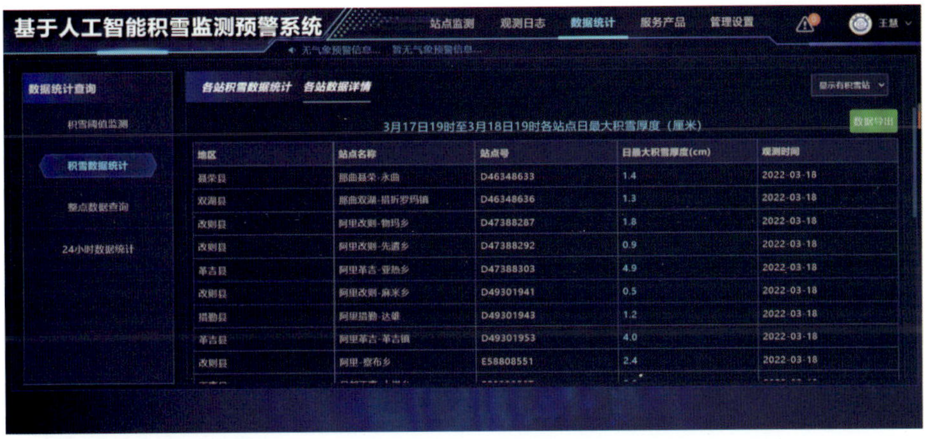

7.6.3 整点数据查询

用户根据查询时间段查看实景站和小气候站，系统根据查询条件以列表的形式展示站点数据。

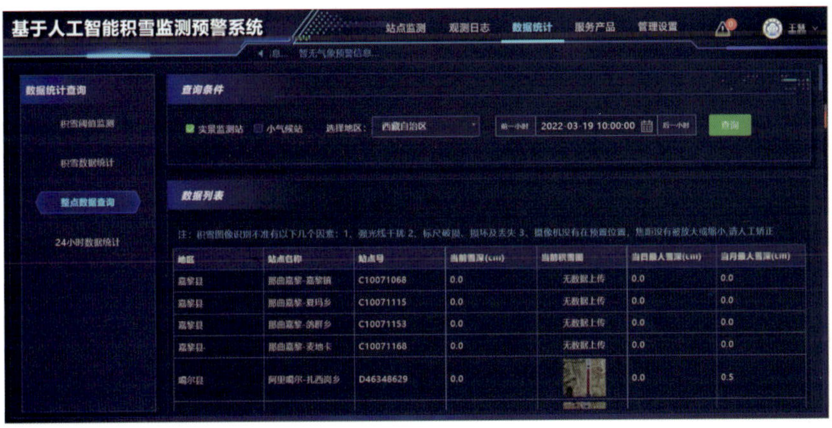

7.6.4 24 h 数据统计

用户选择时间范围、地区、气象要素和站点进行查询，系统对其进行统计以图表形式展现（可选单个站点，也可多个站点），用户能直观地看出该站点 24 h 内测量的数据。

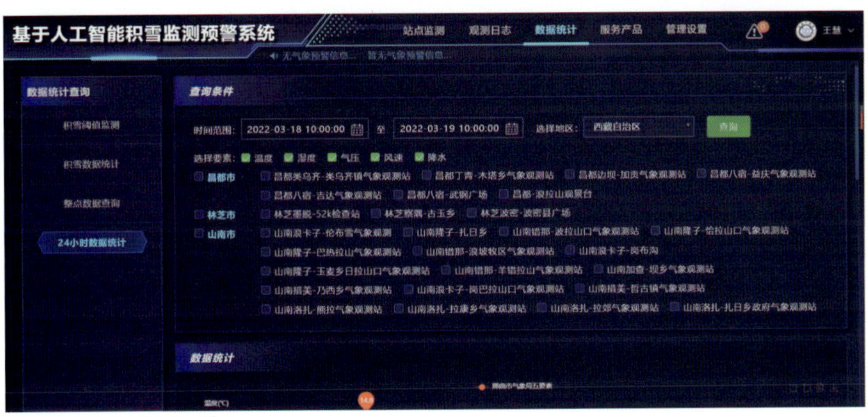

24 h数据统计可以以文本形式展示给用户，用户可将数据下载使用，对某一时间段区域进行缩放查看。

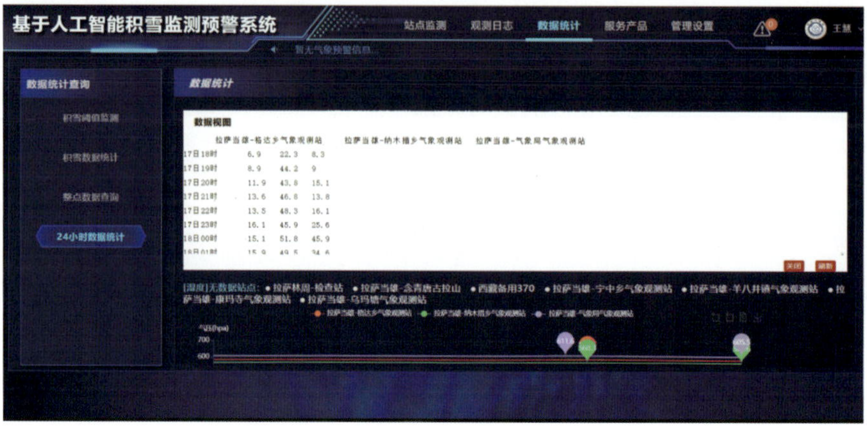

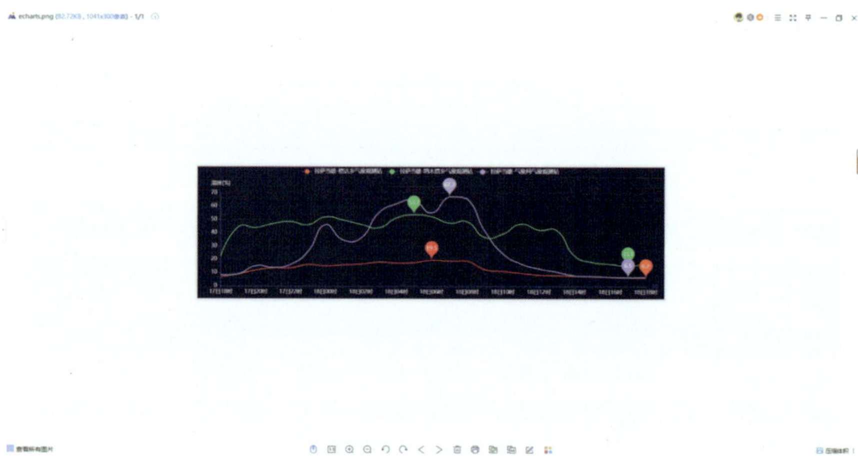

7.7 服务产品

用户选择时间段和服务产品的名称，系统将满足条件的数据以列表的形式展示给用户。

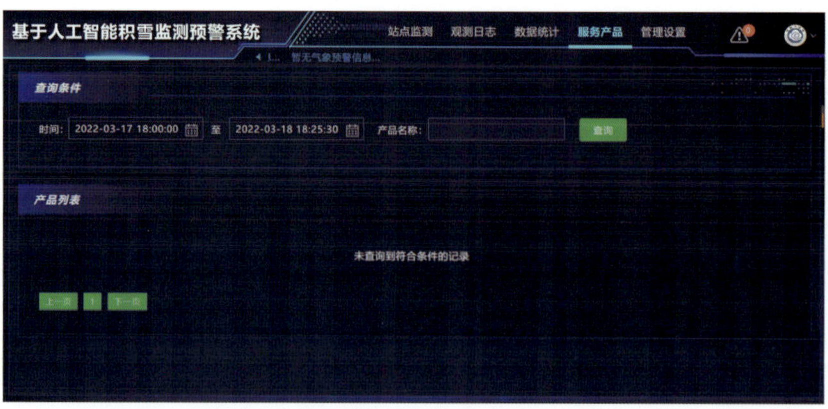

7.8 管理设置

用户点击管理设置，可以对站点进行站点信息配置、阈值参数设置和短信用户管理。

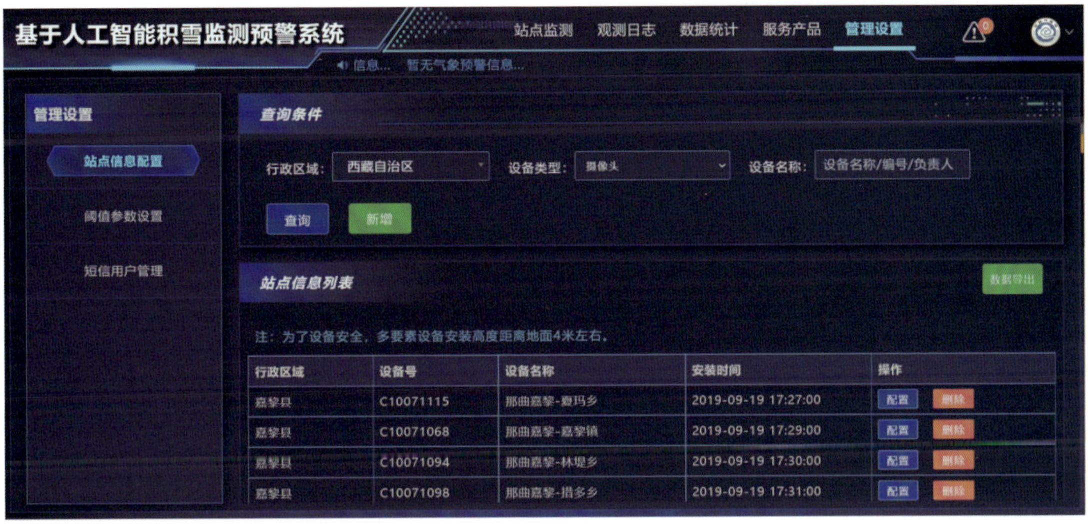

7.8.1 站点信息配置

用户可以对某一站点进行信息配置，用户点击配置可对站点的基础信息（名称、区域和编号等）进行修改，点击配置信息对设备的厂家信息进行修改。

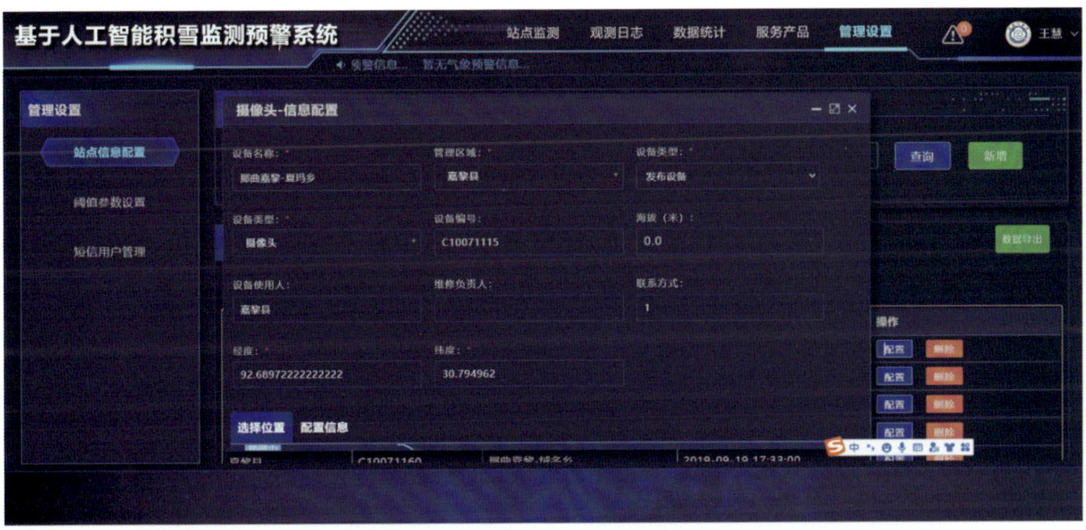

设备配置信息可以以列表的形式导出，用户点击数据导出，数据会形成Excel表格供用户使用和查看。

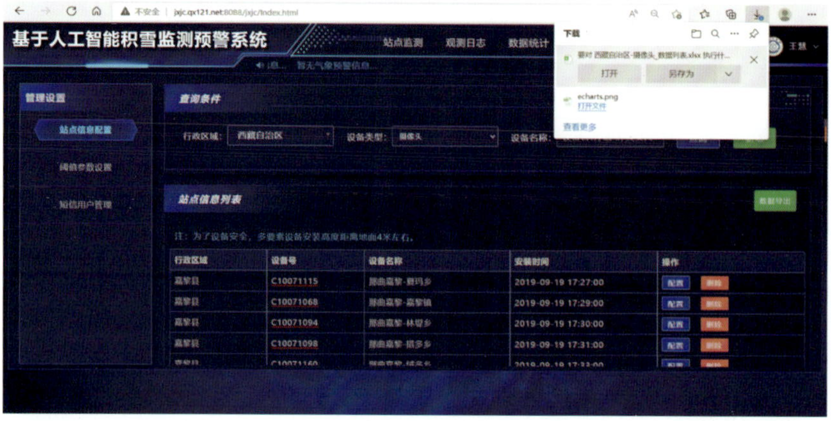

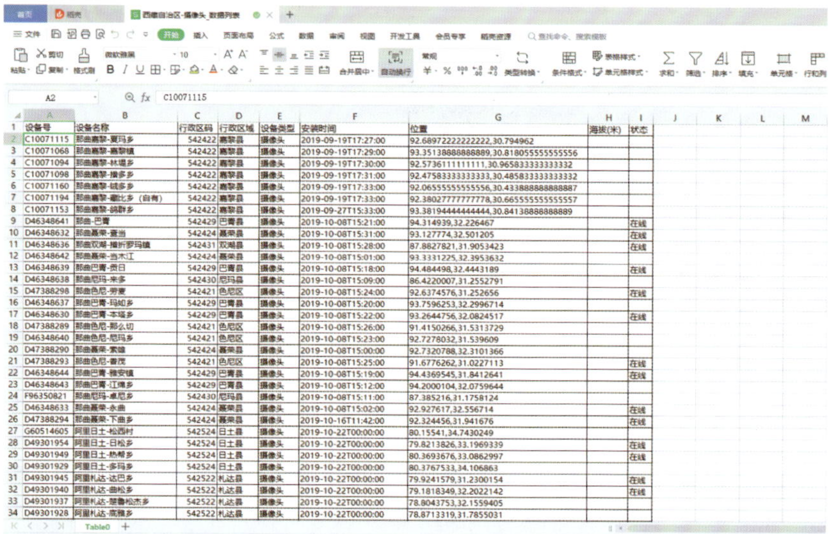

7.8.2 阈值参数设置

用户点击阈值参数设置，系统会将站点的预警级别、数据来源、报警级别以列表的形式展现给用户。

用户点击某一站点的修改按钮会看到站点设备的阈值信息，用户可以修改原本的数据信息，还可将站点某一次的数据信息删除。

7.8.3 短信用户管理

用户点击短信用户管理，可以对短信部门和短信用户进行管理，可以修改用户名称及增加、删除用户等，还可导出短信用户供用户使用。

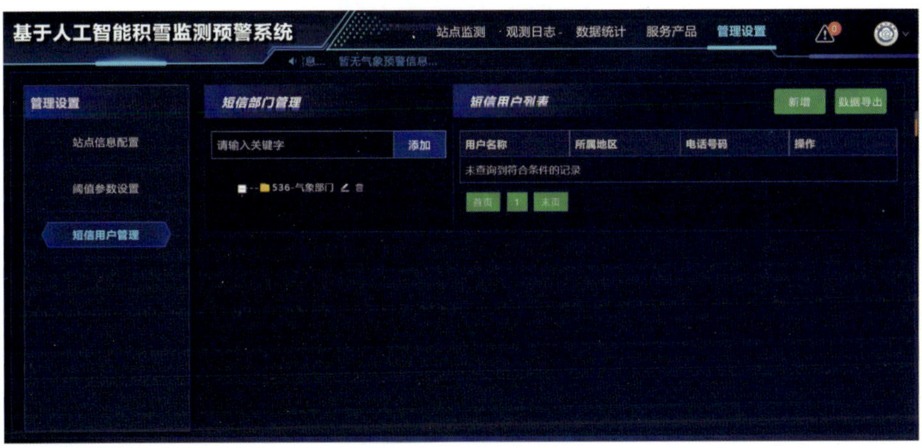

第8章 西藏农业气象 APP

8.1 基本信息

8.1.1 运行环境

本软件可在 Android 5.0 和 IOS 8.0 以上版本的手机上运行。

8.1.2 安装方法

安卓、苹果手机可通过扫描二维码下载安装，二维码如下；苹果手机也可以在 APP store 下载安装。

8.2 产品介绍

8.2.1 注册登录

(1)未注册的新用户,可以点击新用户注册。

(2)已注册的老用户,可以使用账号密码或者手机验证码登录。

(3)支持选择中国大陆手机号码。

(4)如是专家身份,也在该页面登录,系统自动通过账号判断身份。

(5)如忘记密码,可点击"忘记密码",输入手机号、验证码进行密码重置。

输入手机号码,点击获取验证码,验证码 60 s 之内有效,超过 60 s 需重新点击获取,输入 6～16 位密码,可为数字、字母、符号组合,再次确认密码,点击"注册",则注册完成。

填写资料:

普通用户选择是否为新型经营主体和修改昵称,可以跳过,跳过之后若需要修改,可在个人中心进行修改。点击"跳过"按钮直接进入为农服务首页。

8.2.2 气象为农

区域：首页会根据定位服务，自动定位用户所在的区县，如安装 APP 时未允许定位服务，则会默认西藏自治区拉萨市，可点击页面左上角定位按钮进行区域切换。

预警：显示当前区域最新一条预警信息，如 24 h 之内无最新预警发布，则提示“暂无预警”，历史预警可点击“更多查看”。

快捷功能区，点击图标可直达该页面。

8.2.3 牧业气象

牧业类的新闻展示列表及内容。

8.2.4 农业气象

农业气象默认展示当前所在区、县以及所属市、州所属自治区的常规服务产品，展示规则按照发布时间的倒序排列，点击每个类别，可以查看自治区市、县的产品，展示规则为优先展示当前所在区、县的产品，也可以点击市级、自治区级查看。

8.2.5 气候好产品

气候好产品：展示通过最新认证的农产品列表，可点击查看详情。

8.2.6 成果展示

成果展示数据来源于西藏为农服务平台，用户可点击查看当前及全自治区的区划成果，扶贫成果、指标体系等内容。

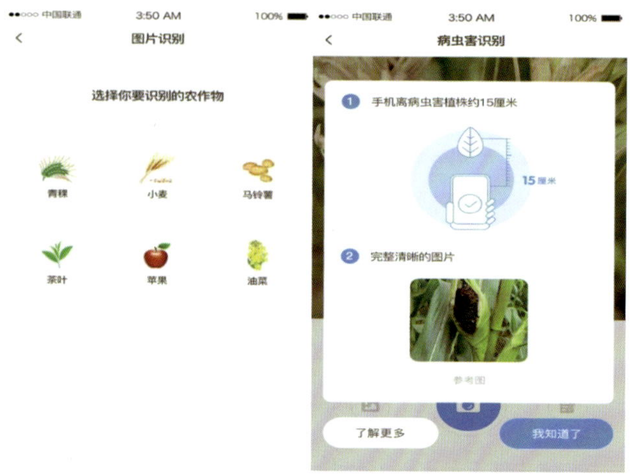

8.2.7 图片识别

选择需要识别的作物，按照提示进行拍照或手机图片上传，系统根据上传的图片进行匹配，得出识别结果，如有疑问可点击“专家咨询”进行咨询，也可点开“查看详情”百度百科进行查看。

8.2.8 专家服务

点击首页菜单“专家服务”，进入专家咨询列表，可点击列表查看专家详情介绍，点击“咨询”按钮，可对专家进行提问，可录入文字和提交图片进行咨询，提问记录在“我的”—“咨询记录”中查看。

8.2.9 农业资讯

展示西藏自治区农业资讯相关内容，内容来源于西藏自治区农村经济信息网。

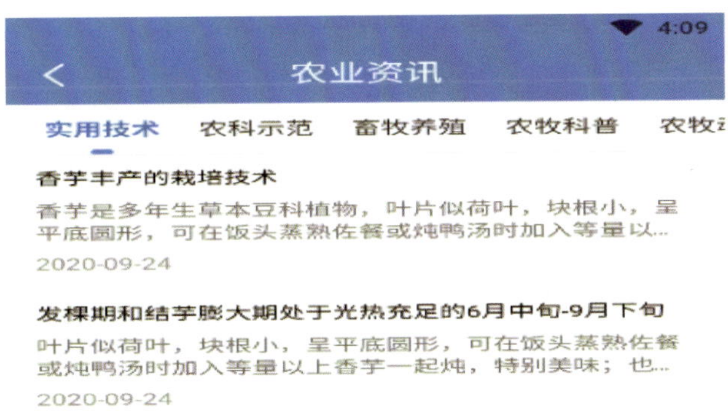

8.2.10 田间快报

根据区域定位，默认展示当前位置所在区域的田间快报内容，如当前区域没有发布内容，则默认展示上一级内容，可根据区域、作物、发布时间信息筛选。用户可对列表内容进行点赞，可点击查看图片及内容详情。

8.2.11 防灾减灾

显示西藏自治区预警信号和应急响应信息。

8.2.12 我的

未登录状态下，点击“我的”默认显示如下图。点击登录，跳转到登录页面，进行登录。

已登录状态下：

右上角设置、我的消息：可对区域、昵称、修改密码等进行设置；我的消息主要来源于意见反馈和专家咨询，当有新消息时，会以红点的方式进行提示。

我的关注：针对种植业服务和牧业服务的作物进行定制化关注。

田间快报：主要针对气象局用户，普通用户无这个模块，管理该账户下发布的所有田间快报信息。

咨询记录：主要记录该账号下所有专家咨询的内容，可点击查看详情。

意见反馈：针对 APP 的当前版本，可进行咨询和意见反馈，管理员通过后台管理系统进行回复。

关于我们：关于西藏惠农气象 APP 的介绍。

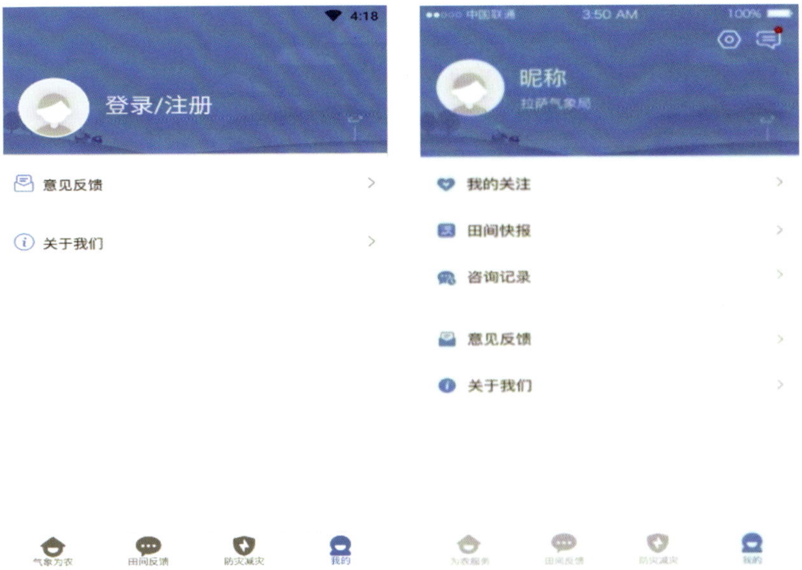

第 9 章　西藏惠农气象微信公众号

西藏惠农气象微信公众号:主要用于西藏惠农气象服务提醒及预警信息的推送及为公众号展示的相关内容提供数据支撑。其包含的内容有公众号配置、服务提醒通知、气象预警提醒、微信用户和注册用户管理。

9.1　公众号配置

公众号配置:通过对西藏惠农气象微信公众号进行本地化配置后,推送模板才能生效。

操作菜单:公众号配置—微信配置。

点击菜单即可进入微信配置页面。

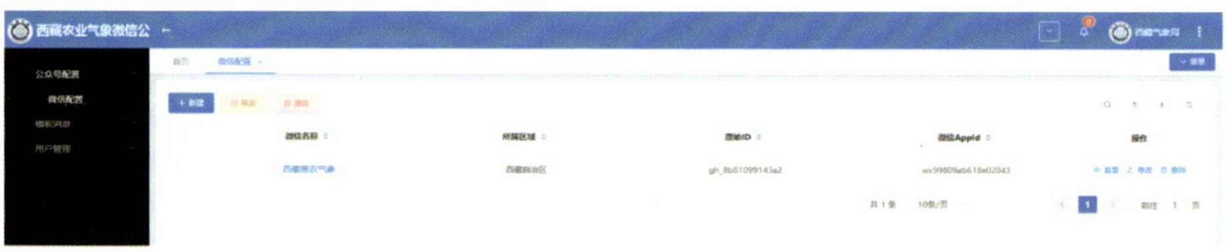

➢ 新增

在微信配置列表页面中,点击按钮 + 新建 ,弹出公众号信息配置弹框。

(1)微信名称:录入公众号的名称,必填项。

(2)原始 ID:公众号的 ID 及申请的公众号 ID,可在微信公众号平台查询,必填项。

(3)微信 APPID:录入微信公众号开发 ID,可在微信公众号平台查询,必填项。

(4)开发者密码:录入微信公众号开发者密码,可在微信公众号平台查询,必填项。

(5)所属区域:下拉列表,加载区域信息,可随意填写。

(6)令牌/服务器地址：录入公众号开发者信息，也可随意填写。

(7)备注：以 jason 格式录入模板消息，格式{关键字：模板 ID}，若有多个模板，则在花括号中用英文“,”分割，目前配置了气象预警提醒和服务提醒通知模板 ID，如

{"errorWeather":"AxHGwdu0czXwk3NYh6QIZV9u1t828IlEjw4BCEIUNZo","serviceRemind":"VW7Y2gxIePS0SjulrCwOQcQJSSOoWANwy4TW4v1AhHY"}。

在新增微信系统配置弹框中，录入微信名称、原始 ID、微信 APPID、开发者密码、所属区域、令牌等信息，点击按钮 确定 ，可成功保存微信系统配置信息，点击按钮 关闭 ，可取消新增微信系统配置的操作，返回列表页面。

➢ 修改微信配置信息

在微信配置列表页面中，点击操作列中的 修改，可弹出微信配置修改的弹框。

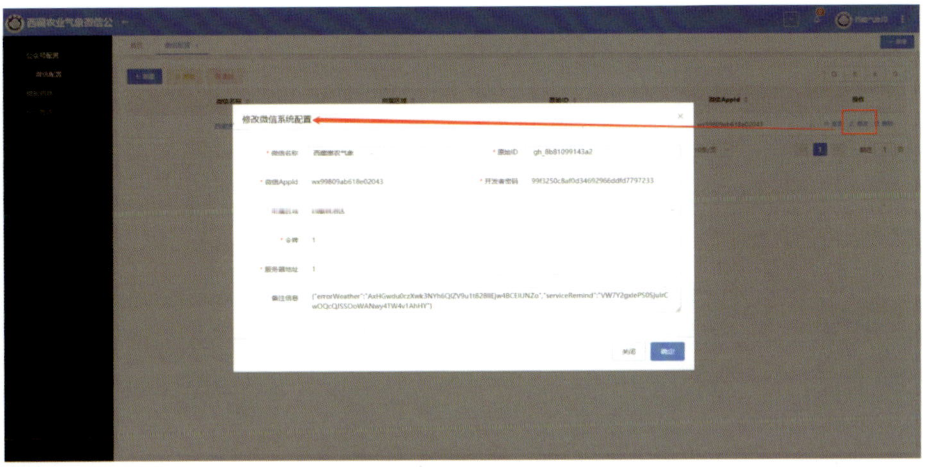

修改微信配置信息，点击按钮 确定 ，可成功保存修改的微信配置信息，点击按钮 关闭 ，可取消修改微信配置的操作，返回列表页面。

➢ 查看微信配置详情

在微信配置列表页面中，点击操作列中的 查看 ，可弹出微信配置详情的弹框，显示微信配置详情内容。

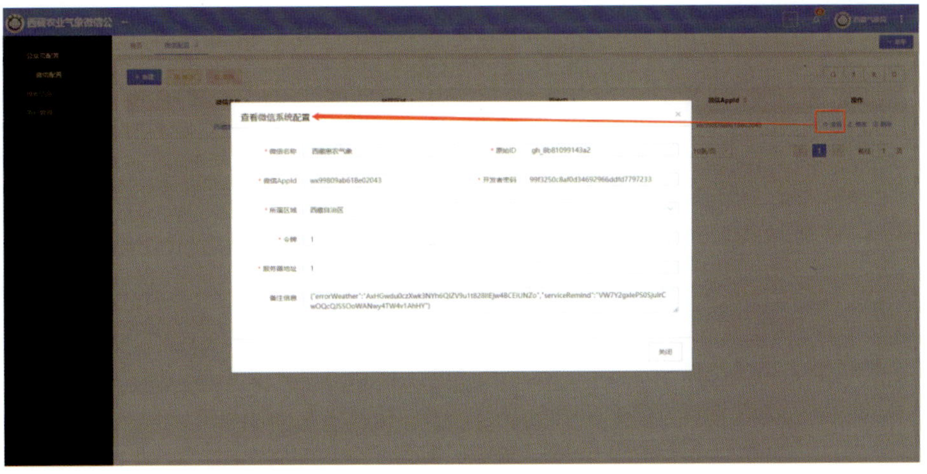

➢ 微信配置查询

在微信配置列表中，点击列表右上角按钮 ，可加载查询条件，可通过微信名称查询。

在查询条件中输入关键内容，点击按钮 查询 ，可返回对应的微信配置信息；点击按钮 重置 ，可清空查询条件中输入的内容。

9.2 模板消息

模板消息：维护推送到公众号的服务提醒通知和气象预警提醒的内容。

9.2.1 服务提醒通知

服务提醒通知：对推送到公众号的服务提醒通知进行维护。

操作菜单：模板消息—服务提醒通知。

点击菜单即可进入服务提醒通知列表页面，列表展示所有的服务提醒通知内容。

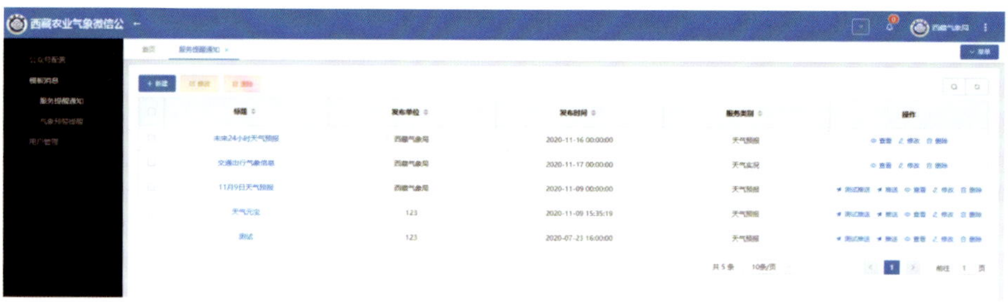

➢ 新增

在服务提醒通知列表页面中，点击按钮 + 新建 ，弹出服务提醒通知信息弹框。

(1)标题:录入服务提醒通知标题信息,必填。

(2)发布单位:录入服务提醒通知的发布单位,必填。

(3)发布时间:录入服务提醒通知的发布时间,时间控件,必填。

(4)服务类别:录入服务提醒通知的服务类别,下拉选项,可选项有天气预报、农事操作、灾害提醒、天气实况。

(5)外部链接地址:录入服务提醒通知的链接地址,可不填,若录入链接地址时,在推送的消息中可进行链接跳转。

(6)详情:录入服务提醒通知的详情内容,必填,受微信模板内容展示限制,建议录入汉字不超过160字。

在新增服务提醒通知弹框中,录入标题、发布单位、发布时间、服务类别、详情等信息,点击按钮 确定 ,可成功保存服务提醒通知信息,点击按钮 关闭 ,可取消新增服务提醒通知的操作,返回列表页面。

➢ 修改

在服务提醒通知列表页面中,点击操作列中的 修改 ,可弹出服务提醒通知修改的弹框。

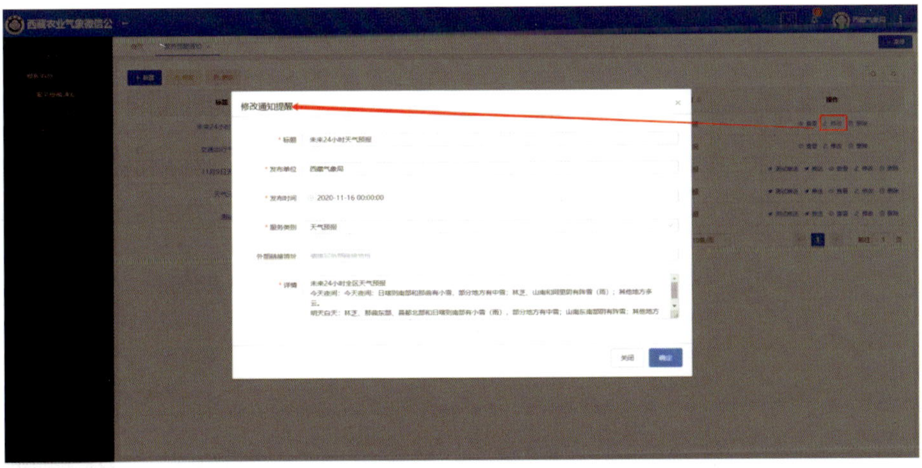

修改服务提醒通知信息,点击按钮 确定 ,可成功保存修改的服务提醒通知信息,点击按钮 关闭 ,可取消修改服务提醒通知的操作,返回列表页面。

➢ 删除

在服务提醒通知列表页面中,点击操作列中的 删除 ,弹出确认删除的提示框。

点击按钮 确定 ,可成功删除服务提醒通知,点击按钮 取消 ,可取消删除服务提醒通知的操作,返回列表页面。

➢ 测试推送

在服务提醒通知列表页面中，点击操作列中的 测试推送，弹出 openid 的输入框。

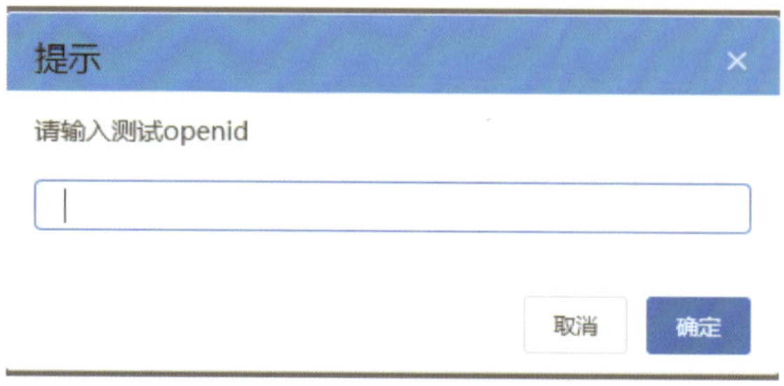

在输入框录入微信用户的 openid，点击按钮 确定，可成功将服务通知提醒推送到对应 openid 的微信用户的公众号中，若需推送多个用户，则填写多个微信用户的 openid，用英文逗号分隔。微信公众号接收到的服务提醒通知样例如下：

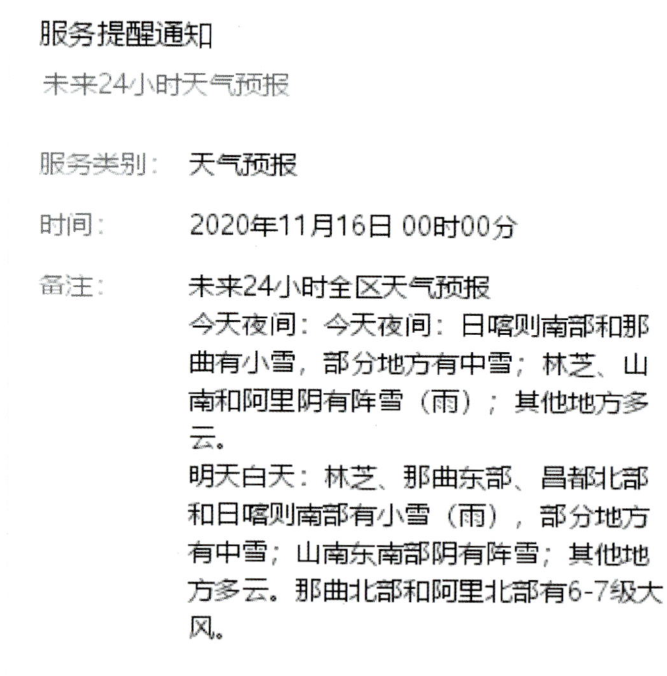

➢ 推送

在服务提醒通知列表页面中，点击操作列中的 推送，则可将服务提醒通知推送给关注公众号的微信用户；推送成功之后，则不可再进行推送。

9.2.2 气象预警提醒

气象预警提醒：对推送到公众号的气象预警提醒进行维护。

操作菜单：模板消息—气象预警提醒。

点击菜单即可进入气象预警提醒列表页面，列表展示所有的气象预警提醒内容。

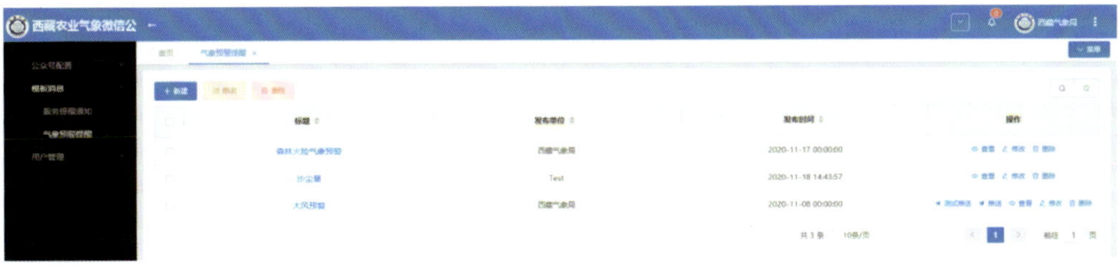

➢ 新增

在气象预警提醒列表页面中，点击按钮 +新建 ，弹出气象预警提醒信息弹框。

(1)标题：录入气象预警信息的标题信息，必填。

(2)发布单位：录入气象预警信息的发布单位，必填。

(3)发布时间：录入气象预警信息的发布时间，时间控件，必填。

(4)状态：下拉选择，可选项有发布、解除，气象预警开始，状态为发布，气象预警结束，状态为解除。

(5)预警类型：录入气象预警信息的预警类型，下拉选项，可选项有暴雨、暴雪、寒潮、大风、沙尘暴、低温、高温等。

(6)预警等级：下拉选择，可选项有蓝色、黄色、橙色、红色。

(7)外部链接地址：录入气象预警信息的链接地址，可不填，若录入链接地址，在推送的消息中可进行链接跳转。

(8)详情：录入气象预警信息的详情内容，必填，受微信模板内容展示限制，建议录入汉字不超过160字。

在新增气象预警提醒弹框中，录入标题、发布单位、发布时间、状态、预警类型、预警等级、详情等信息，点击按钮 确定 ，可成功保存气象预警提醒信息，点击按钮 关闭 ，可取消新增气象预警提醒的操作，返回列表页面。

➢ 修改

在气象预警提醒列表页面中，点击操作列中的 修改 ，可弹出气象预警提醒修改的弹框。

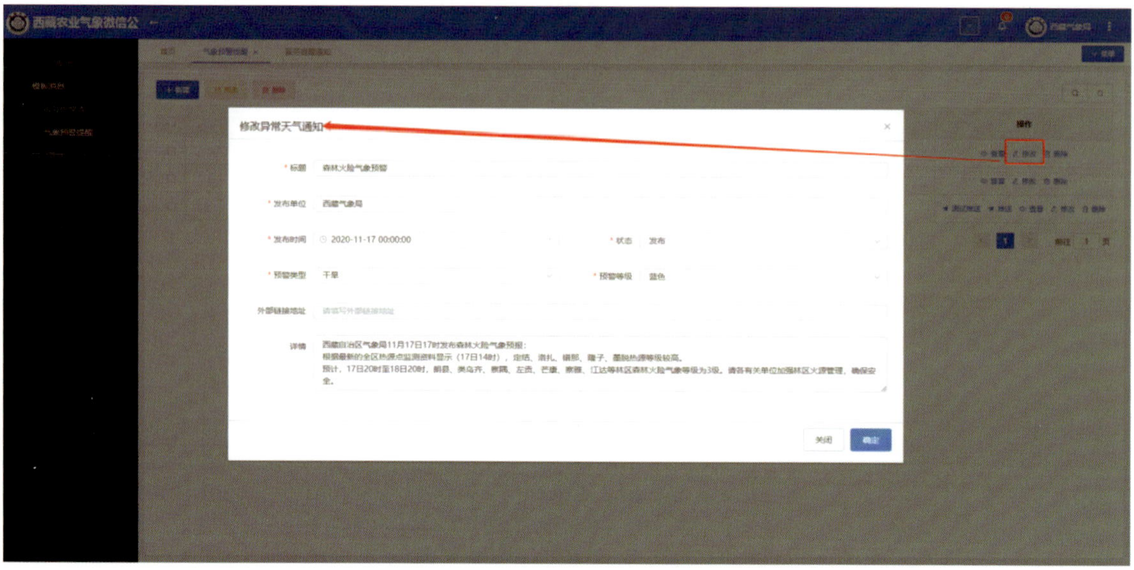

修改气象预警提醒信息，点击按钮 确定 ，可成功保存修改的气象预警提醒信息，点击按钮 关闭 ，可取消修改气象预警提醒的操作，返回列表页面。

➢ 删除

在气象预警提醒列表页面中，点击操作列中的 删除，弹出确认删除的提示框。

点击按钮 确定 ，可成功删除气象预警提醒，点击按钮 取消 ，可取消删除气象预警提醒的操作，返回列表页面。

➢ 测试推送

在气象预警提醒列表页面中，点击操作列中的 测试推送，弹出 openid 的输入框。

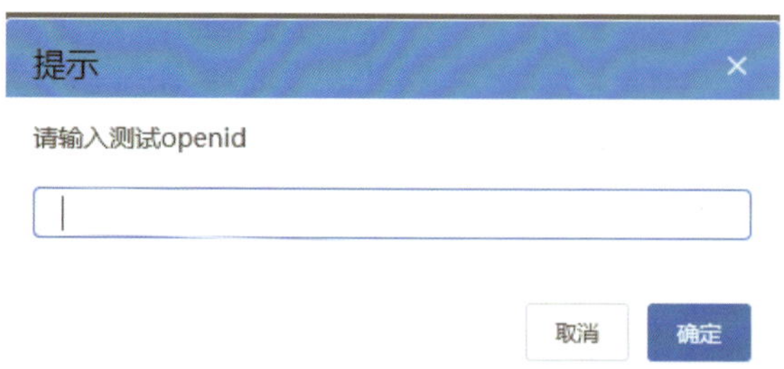

在输入框录入微信用户的 openid，点击按钮 确定 ，可成功将气象预警提醒推送到对应 openid 的微信用户的公众号中，若需推送多个用户，则填写多个微信用户的 openid，用英文逗

号分隔。微信公众号接收到的气象预警提醒样例如下：

气象预警提醒
森林火险气象预警

发布单位：西藏气象局
发布时间：2020年11月17日 00时00分
预警信息：西藏自治区气象局11月17日17时发布森林火险气象预报：
根据最新的全区热源点监测资料显示（17日14时），定结、洛扎、错那、隆子、墨脱热源等级较高。
预计，17日20时至18日20时，朗县、类乌齐、察隅、左贡、芒康、察雅、江达等林区森林火险气象等级为3级。请各有关单位加强林区火源管理，确保安全。

➢ 推送

在气象预警提醒列表页面中，点击操作列中的 推送，则可将气象预警提醒推送给关注公众号的微信用户；推送成功之后，则不可再进行推送。

9.3 用户管理

用户管理主要展示微信用户，微信用户中可查看关注公众号的用户信息。

微信用户：展示关注西藏惠农气象公众号的微信用户信息，可对微信用户进行维护。

操作菜单：用户管理—微信用户。

点击菜单即可进入微信用户列表页面，页面展示关注公众号的微信用户信息。

➢ 同步用户

如有新用户关注或者取消关注西藏惠农公众号，此时在列表页面中点击按钮 + 同步用户，可将关注西藏惠农气象的微信用户信息同步至系统平台。

➢ 修改

在微信用户列表中，点击操作列中按钮 修改，可弹出修改微信用户弹框。

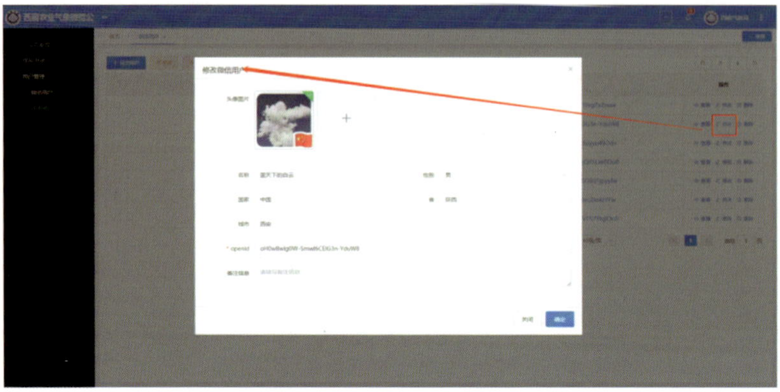

修改微信用户信息，点击按钮 确定 ，可成功保存修改的微信用户信息，点击按钮 关闭 ，可取消修改微信用户信息的操作，返回列表页面；修改的微信用户信息对平台有效，对微信用户真实的信息无影响，同步用户之后，信息仍会重新更新。

➢ 删除

在微信用户列表页面中，点击操作列中的 删除，弹出确认删除的提示框。

点击按钮 确定 ，可成功删除微信用户，点击按钮 取消 ，可取消删除微信用户的操作，返回列表页面。

气象为农成果管理系统，主要是对各气象局气象为农服务的相关文件的管理，主要包含扶贫工作、区划成果、标准化乡县、指标体系、认证溯源、标准、农气工作总结、农业基础信息、农技技术支持、发展规划等相关文件内容的统计管理。将其分为气象为农服务管理、农业气象工作管理、气象防灾减灾管理三大模块。

第 10 章 气候品质认证与溯源系统

气候品质认证与溯源系统，对西藏农产品的农业气象数据溯源，主要包含作物分类管理、企业管理、农产品溯源以及气候品质认证。

10.1 基础信息管理

基础信息管理，将作物分类管理、企业管理归为基础信息管理部分。其中作物分类管理主要展示作物的相关内容，企业管理记录产品溯源所涉及企业信息的维护。

10.1.1 作物分类管理

作物分类管理：主要是对作物信息数据进行查询，其数据来源于农业气象业务支撑系统中的作物。

操作菜单：基础信息管理—作物分类管理。

点击菜单即可进入作物分类管理列表页面。

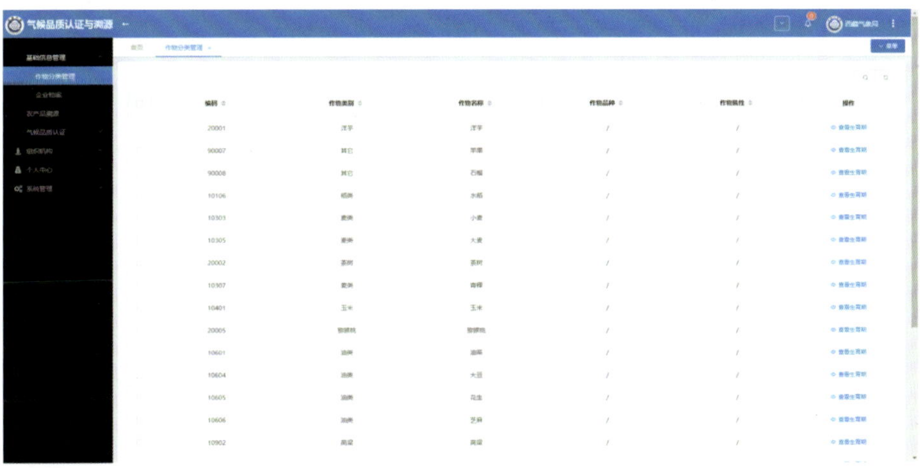

➢ 查询

在作物分类管理列表页面中，点击列表右上角按钮 ，可加载查询条件，可通过作物类别、作物名称查询。

在查询条件中输入关键内容，点击按钮 查询 ，可返回对应的作物信息；点击按钮 重置 ，可清空查询条件中输入的内容。

10.1.2 企业管理

企业管理，主要是产品中关联的企业信息、基地信息，对其进行维护，可对其进行增加、修改、删除等操作。

操作菜单：基础信息管理—企业管理。

点击菜单企业管理，进入企业管理的列表页面，列表展示所有的企业信息。

➢ 新增企业信息

在企业管理列表页面中，点击按钮 + 新建 ，弹出新增企业弹框。

（1）企业名称、企业类型、区域、详细地址、企业法人、联系人、联系电话、状态、企业介绍，为必填字段，其他字段可不填。

（2）企业类型：下拉选择，可选项有合作社、集体、企业。

在弹框中录入企业名称、企业类型、区域、详细地址、企业法人、联系人、联系电话、企业介绍等信息，点击按钮 确定 ，可成功保存新增的企业信息，点击按钮 关闭 ，可取消新增企业的操作，返回列表页面。

➢ 修改企业信息

在企业管理列表页面中，点击操作列中的 修改，可弹出企业管理修改的弹框。

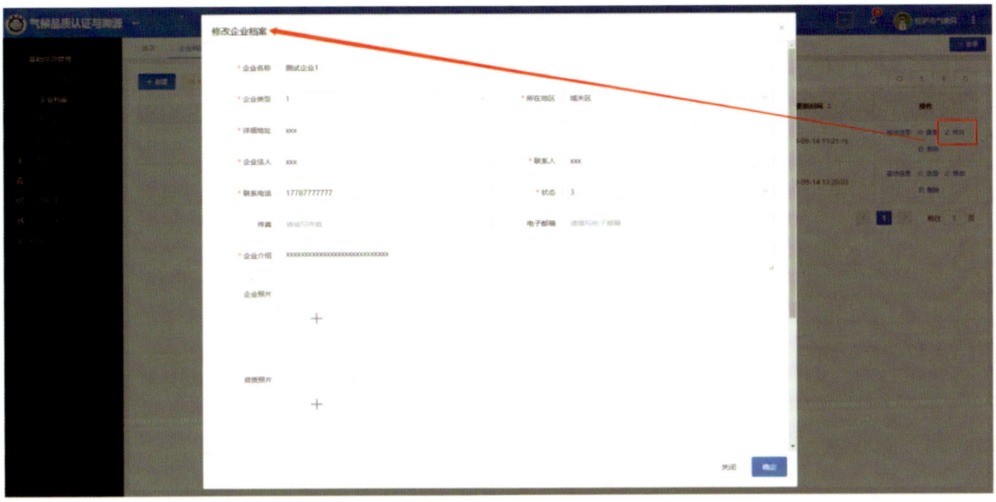

修改企业信息，点击按钮 确定 ，可成功保存修改的企业信息，点击按钮 关闭 ，可取消修改企业信息的操作，返回列表页面。

➢ 删除企业信息

在企业管理列表页面中，点击操作列中的 删除，弹出确认删除的提示框。

点击按钮 确定 ，可成功删除企业信息，点击按钮 取消 ，可取消删除企业信息的操作，返回列表页面；删除的企业中如果存在基地信息，则基地信息也会同时被删除。

➢ 基地信息列表

在企业管理列表页面中，点击操作列中的 基地信息 ，可跳转到基地信息列表页面，在基地信息列表页面中可以对基地信息进行新增、修改、删除等操作。

➢ 基地信息新增

在基地信息列表页面中，点击按钮 + 新建 ，弹出新增基地信息的弹框。

在弹框中录入名称、区域、作物、种植面积、地址等基地信息，点击按钮 确定 ，可成功保存基地信息，点击按钮 关闭 ，可取消新增基地的操作，返回基地列表页面。

➢ 修改基地信息

在基地信息列表页面中，点击操作列中的 修改，可弹出基地信息修改弹框，修改基地信息，点击按钮 确定 ，可成功保存修改的基地信息，点击按钮 关闭 ，可取消修改基地信息的操作，返回基地信息列表页面。

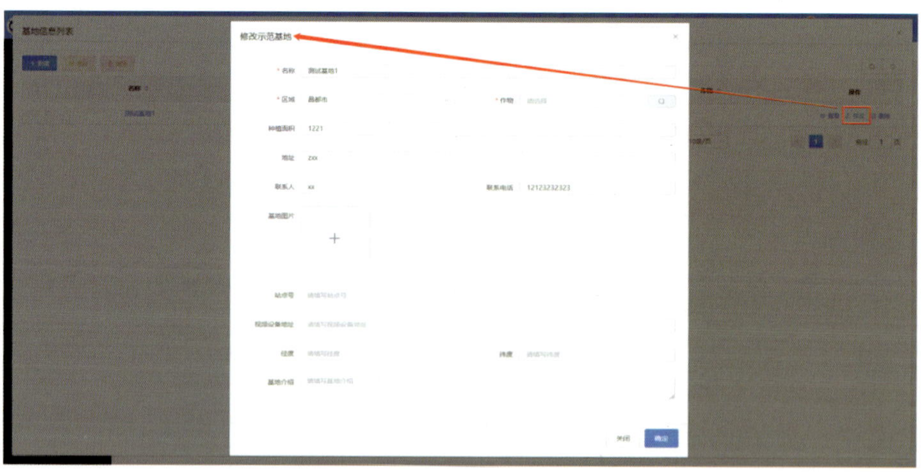

➢ 删除基地信息

在基地信息列表页面中，点击操作列中的 删除，弹出确认删除提示框，点击按钮 确定 ，可成功删除基地信息，点击按钮 取消 ，可取消删除基地信息的操作，返回列表页面。

➢ 查看企业详情

在企业管理列表页面中，点击操作列中的 查看 ，可弹出企业详情的弹框，显示企业详情内容。

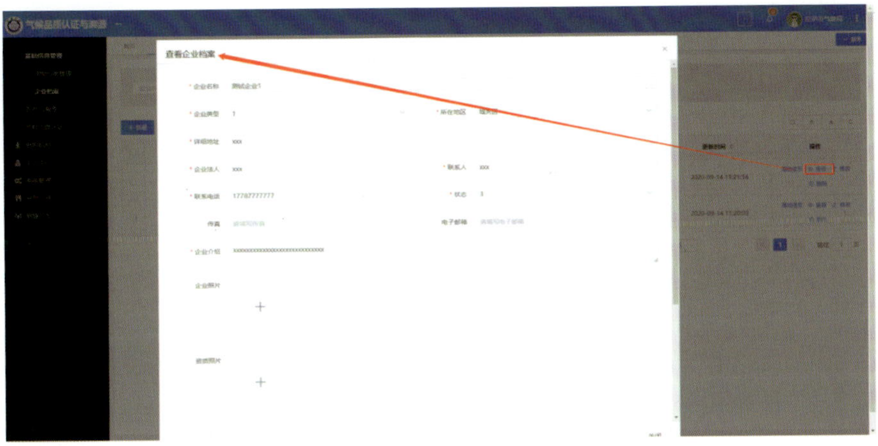

10.2 农产品溯源

农产品溯源可记录农产品从播种到收获的生长过程中使用的种植方式以及农药、肥料的使用情况，并记录当季气候对农产品的影响。

操作菜单：农产品溯源。

点击菜单即可进入农产品溯源页面，页面展示溯源农产品信息。

可在农产品溯源页面中对农产品溯源信息进行新增，并维护农产品生长日记、农药使用情况、肥料使用情况等溯源内容。

➢ 新增农产品溯源

在农产品溯源列表页面中，点击按钮 + 新建 ，即可弹出新建农产品档案弹框。

农产品档案新增说明：

(1)产品类别：展示基础信息管理—作物分类管理中信息。

(2)产品编号：系统按规则自动生成。

(3)企业名称：下拉选择企业，企业列表内容可在基础信息管理—企业档案中维护。

(4)产品名称：定义农产品的名称，可区别于产品类别信息。

(5)弹框中带“＊”号为必填项，均需要填入相应的内容才可保存成功。

在新建农产品档案的弹框中，录入产品类别、企业名称、产品名称、品牌、产量、产值等信息，点击按钮 确定 ，即可成功新增农产品档案；点击按钮 关闭 ，可取消新增农产品档案的操作。

➢ 修改农产品档案

在农产品溯源档案列表页面中，对需要修改的农产品在操作列中点击按钮 修改 ，可弹出修改农产品档案的弹框，在弹框中修改产品信息，点击按钮 确定 ，即可成功修改农产品档案；点击按钮 关闭 ，可取消修改农产品档案的操作。

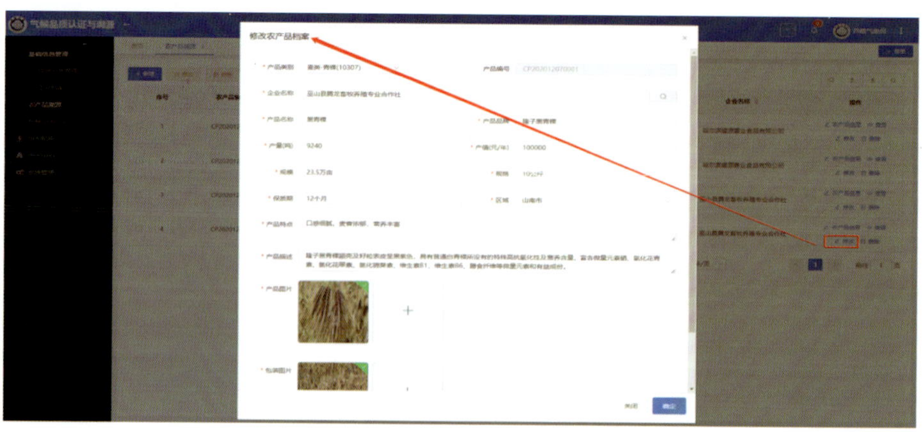

➢ 删除农产品档案

在农产品溯源列表页面中，选择需要删除的农产品溯源信息，点击操作列中的按钮 删除，弹出确认删除的提示框信息。点击按钮 确定，可成功删除农产品档案；点击按钮 取消，可取消删除农产品档案的操作。

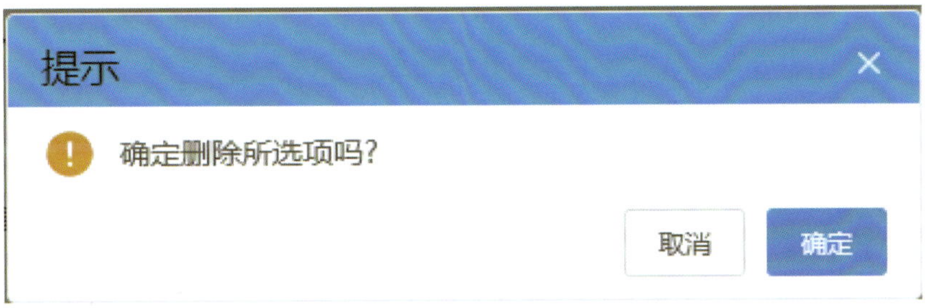

➢ 农产品信息维护

在农产品溯源列表页面中，点击操作列中的按钮 农产品信息，即可进入农产品信息维护列表页面，可在此页面根据产品每年的生长情况，对农产品的生长情况、农药、化肥使用等信息进行详细的记录。

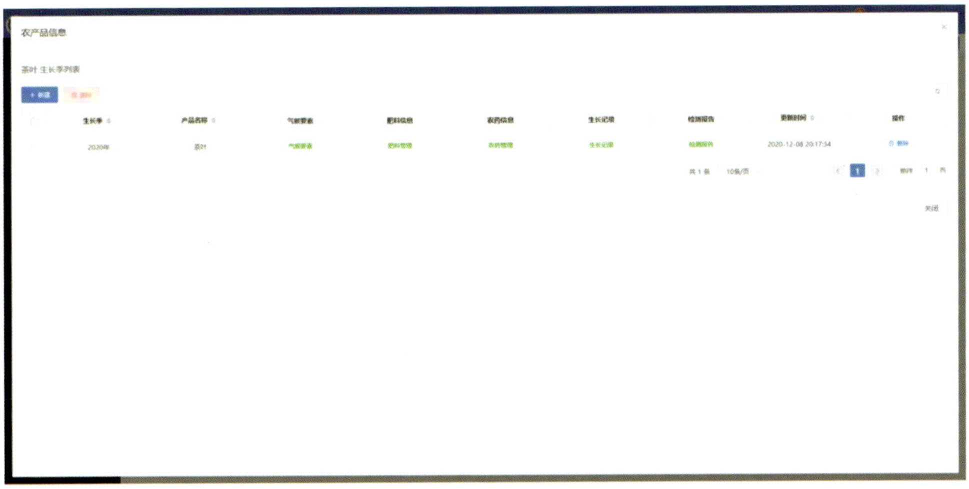

➢ 农产品生长季新增：在农产品信息列表页面中，点击按钮 + 新建，弹出新建农产品生长信息，在弹框中选择配置方案、生长季，点击按钮 确定，可成功保存新增的产品生长季信息，点击按钮 关闭，可取消新增产品生长季的操作，返回列表页面。

农产品信息新增字段说明：

（1）生育期方案：下拉列表，列表中展示的内容来源于农业气象系统—专业服务—本地化配置，即作物生育期的配置信息。

（2）生长季：定义作物生长的年份，下拉列表展示 2011 年至当年。

（3）产品名称：自动加载产品名称，不可修改。

➢ 气象要素设置

在溯源档案生长季列表页面中，点击操作列中的**气候要素**，进入气候要素的配置页面，勾选需要录入的气象要素，点击按钮 确定 ，气象要素设置保存成功，此时右侧加载所选要素的标签，点击标签，可在标签中录入文字分析，点击按钮 确定 ，即可保存文字分析内容。

➢ 肥料信息记录

在溯源档案列表页面中，点击操作列中的**肥料管理**，进入肥料产品列表页面，可对肥料信息进行新增、修改、删除等操作。点击按钮 + 新建 ，弹出新建肥料信息的弹框。

录入肥料的使用时间范围、所属阶段、肥料名称、种类等信息，点击按钮 确定 ，可保存新增的肥料信息。

➢ 农药信息记录

在溯源档案生长季列表页面中，点击操作列中的 农药管理，进入农药产品列表页面，可对农药信息进行新增、修改、删除等操作。点击按钮 + 新建，弹出新建农药信息的弹框。

录入农药的使用时间范围、所属阶段、产品类型（有机农产品/一般农产品）、农药名称、防治种类等信息，点击按钮 确定，可保存新增的农药信息。

➢ 生长记录

在溯源档案生长季列表页面中，点击操作列中的 生长记录，进入生长记录列表页面，可对生长记录进行新增、修改、删除等操作。点击按钮 + 新建，弹出新建生长记录的弹框。

录入生长记录的时间范围、阶段名称、农事操作、视频、图片信息，点击按钮 确定，可保存新增的生长记录。

➢ 监测报告记录

在溯源档案生长季列表页面中，点击操作列中的 检测报告，进入产品报告列表页面，可对产品报告进行新增、修改、删除等操作。点击按钮 + 新建，弹出新建产品报告的弹框。

录入产品报告的报告标题、报告类型（监测报告/认证报告）、监测时间、监测单位及报告图片信息，点击按钮确定，可保存新增的产品报告。

10.3 气候品质认证

气候品质认证包含认证申请、品质档案和认证归档三部分内容，其中在认证申请中，有业务员提交申请，并给县级、市级、区级由下到上进行审核；产品审核通过后进行品质档案信息维护，维护完成即可将产品信息进行归档处理。

10.3.1 认证申请

认证申请，业务人员可在认证申请中提交产品认证，再由县级用户、市级用户、区级用户由下到上进行审核。

操作菜单：气候品质认证—认证申请。

业务人员点击认证申请菜单，即可进入认证申请列表页面，页面展示提交认证申请的产品列表。

➢ 新增认证申请

在认证申请列表页面中，点击按钮 + 新建 ，弹出新增认证申请的弹框。

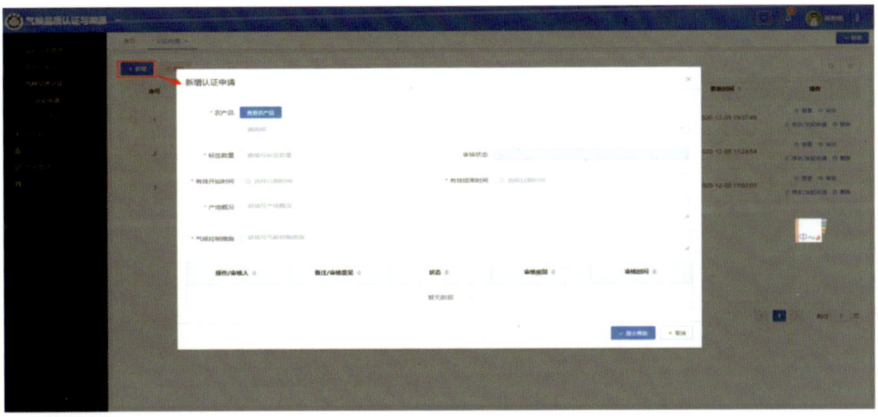

认证申请新增说明：

(1)农产品：下拉列表展示农产品信息，下拉列表展示的值为农产品溯源列表中产品名称，若已创建了认证申请，则名称置灰，不可选。

(2)查看农产品，选择农产品后，点击按钮 查看农产品 ，可弹出加载农产品详情信息的弹框。

(3)标签：设置认证申请的二维码标签数量，数值内容。

(4)有效开始时间/有效结束时间：设置标签的生效时间范围。

(5)产地概况：记录农产品的产地信息，建议 200 字内。

(6)气候控制措施：记录农产品产地的气候信息，建议 200 字内。

(7)弹框底部展示审核日志记录。

在弹框中选择农产品、设置标签数量、有效开始时间、有效结束时间、产地概况和气候控制措施等信息，点击按钮 ✓提交修改 ，则认证申请新建成功，点击按钮 × 取消 ，可取消认证申请新增操作。

➢ 修改/发起认证申请

在认证申请列表页面中，点击按钮 修改/发起申请 ，可弹出修改/发起认证申请的弹框，在弹框中可对信息进行修改，也可提交信息申请。

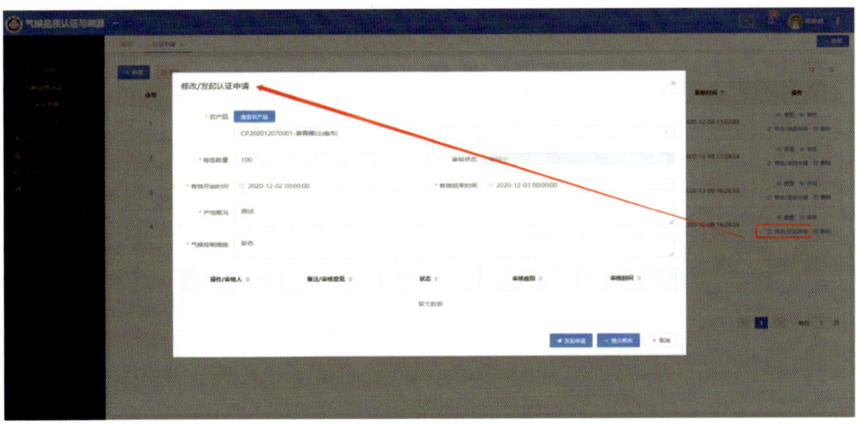

在弹框中修改认证申请内容，点击按钮 提交修改，则认证申请内容修改成功，状态仍为编辑中；若点击 发起申请，则将修改的信息保存后并提交到县级进行审核。

说明：

（1）已经提交申请的产品，不可再提交申请。

（2）目前只有业务人员具有提交申请的权限，县级、市级、区级用户只有审核的权限。

➢ 认证申请审核

在认证申请列表页面中，对审核状态为待审状态的记录进行审核，可点击操作列中的按钮 审核，弹出审核的弹框。

选择“通过”或“驳回”，并录入审核意见，点击按钮 确定，则认证申请审核操作成功，点击按钮 关闭，则取消认证申请审核操作。

说明：

（1）只有县级、市级、区级用户可对认证申请内容进行审核，其他用户审核则提示无权限。

（2）县级、市级、区级用户驳回申请后，业务人员可修改内容后再次发起申请。

（3）审核流程：业务人员提交申请—县级审核—市级审核—区级审核，区级审核通过后，认证申请显示已通过。

➢ 删除认证申请

在认证申请列表页面中，业务人员可对认证申请记录进行删除操作；在认证申请列表页面中，点击操作列中的按钮 删除，即弹出确认删除的提示信息。

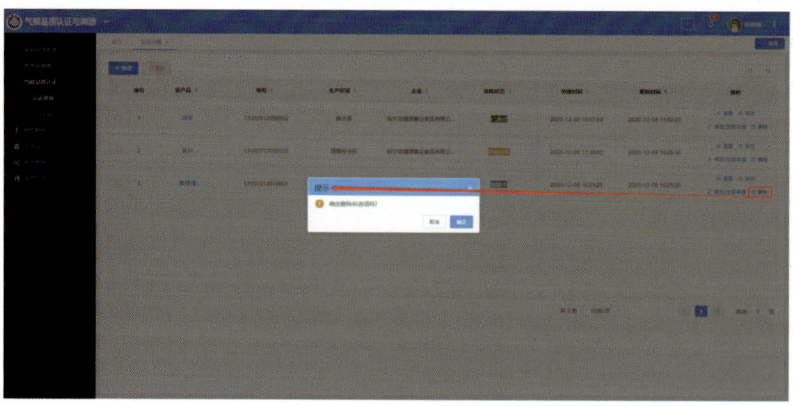

点击按钮 确定 ,可成功删除认证申请信息,点击按钮 取消 ,可取消删除认证申请的操作,返回列表页面。

10.3.2 品质档案

品质档案主要记录已审核通过的认证信息,可在品质档案页面中查看档案详情或者完善档案详情。

操作菜单:气候品质认证—品质档案。

点击菜单即可进入品质档案列表页面,页面展示产品的基本信息。

➢ 完善档案

在品质档案列表页面中,点击操作列中的按钮 完善档案 ,可弹出录入农产品档案的弹框。

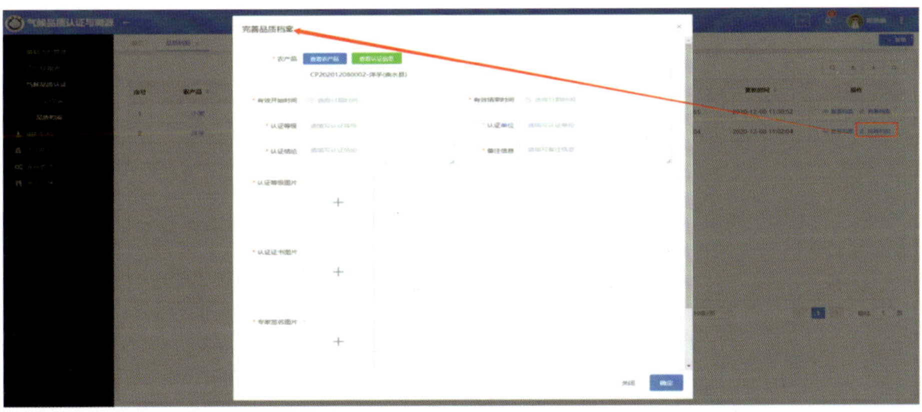

在品质档案页面中,录入农产品品质的时间范围、认证等级、认证单位、认证结论等信息,点击按钮 确定 ,可成功录入品质档案信息,此时档案状态为已完成;点击按钮 关闭 ,可取消档案信息录入操作。

➢ 查看档案

在品质档案列表页面中,点击操作列中的按钮 查看档案 ,可弹出查看农产品档案的弹框,弹框中展示农产品档案详细内容。

10.3.3 认证归档

认证归档，记录农产品档案信息、认证信息及品质信息完成的状态。

归档状态说明：

(1)新增农产品认证申请，认证申请的审核状态为编辑中：农产品档案状态为已完成；认证档案状态为未完成；品质档案状态为未完成。

(2)认证档案：认证申请审核通过，认证档案状态为已完成。

(3)品质档案：农产品已完成品质档案录入，品质档案状态为已完成。